好奇心书系

勐海观鸟笔记

MENGHAI GUAN NIAO BIJI

张海华 著

重庆大学出版社

图书在版编目（CIP）数据

勐海观鸟笔记 / 张海华著. -- 重庆：重庆大学出版社，2023.1
（好奇心书系）
ISBN 978-7-5689-2895-3

Ⅰ. ①勐… Ⅱ. ①张… Ⅲ. ①野生动物—鸟类—勐海县—青少年读物 Ⅳ. ①Q959.708-49

中国版本图书馆CIP数据核字（2021）第154373号

勐海观鸟笔记
MENGHAI GUAN NIAO BIJI
张海华 著
策划编辑：梁 涛
策 划：鹿角文化工作室
责任编辑：李桂英 版式设计：周 娟 刘 玲
书名题字：石 泉 手 绘：张可航
责任校对：关德强 责任印刷：赵 晟

*

重庆大学出版社出版发行
出版人:饶帮华
社址:重庆市沙坪坝区大学城西路21号
邮编:401331
电话:(023) 88617190 88617185（中小学）
传真:(023) 88617186 88617166
网址:http://www.cqup.com.cn
邮箱:fxk@cqup.com.cn（营销中心）
全国新华书店经销
天津图文方嘉印刷有限公司印刷

*

开本：720mm×1020mm 1/16 印张：18.75 字数：227千
2023年1月第1版 2023年1月第1次印刷
ISBN 978-7-5689-2895-3 定价：98.00元

自 序

我和西双版纳有缘，跟勐海尤其有缘。

2021 年 2 月 12 日，大年初一。当我在键盘上敲下本书正文最后一篇《重返版纳之巅》的最后一个字，那一瞬间，我竟觉得自己仿佛身处梦中：我怎么会去如此遥远的地方，完成了历时一年多的鸟类调查?并且写了一本书，简直不可思议。

如果不是“缘分”，我不知道该如何解释。

作为一个生活在东海之滨的浙江人，我自幼就对位于西南边陲的西双版纳非常好奇：那里有热带雨林，有各种神奇的动植物，有与自己的家乡完全不同的地理风貌与民族风情……终于，在好奇心的驱使下，2014 年暑期，也就是我女儿小学毕业的那个夏天，我们一家三口第一次来到西双版纳。我们在景洪市区逛了一下之后，就直奔位于勐腊县的中国科学院西双版纳热带植物园，还去了望天树景区，其间多次夜拍，拍了很多蛙和蛇，也算是一次博物旅行。

原本以为，那之后，我不知道何时才会再来西双版纳，或许，这辈子不会再来了也是完全可能的。不过，仅 3 年之后，即 2017 年 7 月，受当时在中国科学院西双版纳热带植物园工作的王西敏先生之邀，我和女儿来西双版纳参加第二届罗梭江科学教育论坛，父女俩还同台发表了演讲。

2019年春天，北京大学的刘华杰教授忽然问我：有没有时间来勐海参加“自然与文化论坛”？我自然欣然答应。真的没有想到，时隔不到两年，我又到西双版纳了！

不过，说起来真的难为情，直到那时，我才知道西双版纳下辖一市两县，即景洪市、勐腊县与勐海县。2019年4月9日，出发来勐海之前，我查了一下天气预报，说接下来几天西双版纳的最高气温达36℃左右，把我吓一跳。不过，那天到勐海西定乡章朗村一下车，却是阵阵凉风扑面而来，一点都不热。后来一问，方知勐海虽处于热带，但境内多数地方海拔较高，因此冬无寒冷、夏无酷暑，有“西双版纳的春城”之美誉。这是我对勐海的第一印象。

在勐海参加论坛期间，碰到了刘华杰教授，还先后认识了李元胜、张劲硕、李聪颖、吴彤、刘晓力、田松、刘莹、苏贤贵、王洪波、陈明勇等从外地来勐海参会、考察的专家学者。我曾和李元胜老师一起夜拍昆虫，看刘华杰教授爬树摘坚核桂樱给我们吃，跟李聪颖老师聊博物绘画，与王洪波老师一起在水田里录蛙鸣……大家都是爱自然、爱博物的人，和志趣相投的人相聚在一起，真的特别开心。当然，我也认识了此次论坛主办方的负责人、热心的东道主，即时任中共勐海县委宣传部部长的刘应枚女士。而最让我意想不到的是，竟然在勐海见到了著名作家马原先生！

我真是太孤陋寡闻了。到那时候，我才知道马原先生已在勐海的南糯山姑娘寨隐居多年，而他举家来勐海定居的原因，则源于一场身体的变故。由于生病，马原在国内几经考察，一心要选个山好水好的地方住下来。怎么找这样的地方呢？他的方法是，要找“茶好”的地方，因为只有山、水特别好的地方，才能产特别好的茶。于是，马原最终选择了“中国普洱茶第一县”——勐海。马原说，他当初一到南糯山，就觉得十分亲切，“好像上辈子来过这里，我一直在找的地方就是这里。”十分神奇的是，在南糯山住下来多年后，马原原先严重的肺疾居然不治而愈。

也正是在这次论坛上，我第一次知道了关于“勐海五书”的出版计划。对此，马原介绍得很详细。他说，落户南糯山后，刘应枚女士经常和他一起探讨如何保护、宣传勐海的生态。马原认为，勐海的自然生态环境非常好，茶的品质特别好，但一直以来，勐海的发展不是特别快（勐海于2018年9月摘去贫困县的帽子），知名度不够高。因此，他建议，要在坚实调查的基础上，写作、出版“勐海五书”，即有关当地的植物、动物、昆虫、普洱茶、童话的五本书，为外界深入了解勐海的自然与文化搭建桥梁。

2019 年 9 月，《昆虫之美：勐海寻虫记》由重庆大学出版社出版，作者是李元胜；2020 年 1 月，《勐海植物记》由北京大学出版社出版，作者是刘华杰；2020 年 6 月，《茶神在山上：勐海普洱茶记》由云南人民出版社出版，作者是雷平阳。而《勐海童话》，将由马原来完成。

那么，剩下的，就是关于动物的那本。在勐海参加论坛的时候，刘华杰老师曾问我，是否有兴趣进行关于此项目的调查与写作？我当时吃了一惊，虽然非常感谢刘老师的信任，但稍微一想，就知道自己没这个能力，尤其是在一两年的短时间内——因为，其他不说，我几乎不可能拍到中大型的野生哺乳动物的影像（除亚洲象外），完成关于勐海野生哺乳动物的调查与拍摄，需要一个团队来做，而且费时甚久。因此，我没有接下这个任务。

2019 年深秋，刘应枚女士在微信中问我：进行勐海鸟类的调查与写作，应该可以吧？说实在的，虽然非常心动，但我还是有点犹豫，直到几天后才给了肯定的答复。我明白，对自己来说，这将是一个巨大的挑战。因为，虽说我观鸟、拍鸟已有十几年，但主要是在浙江本地及附近地方拍摄，对于西南地区的鸟类一点都不了解，对于勐海的地形地貌、风土人情、气候、动植物等也知之甚少，我简直不知道该如何去做这件事。但我知道，这是一件非常有意义的事，无论是对勐海、对我，还是对所有热爱自然的读者。

但既然决定了，那就要马上动手准备。首先，当然是尽量了解勐海，并上网搜寻有关勐海的观鸟攻略。勐海，为傣语地名，意为“勇敢者居住的地方”，土地面积有 5300 多平方公里（在我看来，这是一个很大的数字，作为参照：整个宁波市的陆域总面积为 9800 多平方公里），其中山区占了近 96%；下辖 11 个乡镇，区域内有多个自然保护区。

不过，虽说西双版纳属于国内观鸟的热点区域，但大家主要去的是景洪市与勐腊县，因为那里有中国科学院西双版纳热带植物园、野象谷、望天树景区等成熟“鸟点”，而专程到勐海观鸟的人极少，可以说接近空白。到勐海之前，我在网上搜到的属于勐海境内的观鸟攻略，谈得上实用性的，只有关于纳板河流域国家级自然保护区的一篇。因此，从 2019 年 12 月开始的第一次勐海鸟类调查，我就选择从纳板河保护区开始，这也算是“先易后难”吧。一次次充满好奇、激动、有趣，也有一点点冒险的观鸟之旅，就此拉开了序幕。

幸好，初次鸟类调查，纳板河保护区给了我大丰收，这带给我极大的信心。此后，我又 6 次来勐海进行鸟类调查，最后一次是在 2021 年 1 月。如果算上 2019 年 4 月第一次来勐海，那么，从 2019 年 4 月到 2021 年 1 月，我总共来勐海 8 次，在勐海待了 70 多天。其间，我把所有的年休假与大部分法定长假、小长假都利用了起来。后面的 6 次调查，我都是租车自驾，跑遍了勐海的 11 个乡镇。如今到勐海的很多地方，我不需要依靠导航，也能做到“轻车熟路”，自在地穿行在山峰与坝子之间。

调查结束后，我大致做了一个统计，发现自己总共记录到了 190 多种在勐海有分布的鸟类。这里得说明一下，这些鸟类中，其中由我本人在勐海境内记录到的有 170 多种；剩下的为朋友在勐海记录到，或者是我在勐海邻近地区拍到，但又确认在勐海是有分布的。

那么，190 多种，是什么概念呢？我在勐海县人民政府官方网站的“勐海县概况”之“生物资源”条看到如下表述：“鸟类有绿孔雀、犀鸟、喜鹊、乌鸦、画眉、百灵鸟、白鹇、原鸡、相思鸟等 16 目 44 科 249 种。”这是一个非常粗略的描述，勐海鸟类显然远不止这个数字。

作为参照，整个西双版纳已知有多少种鸟呢？刘应枚女士送了我一套大部头的专业著作《西双版纳鸟类多样性》，此书分上下两册，系统介绍了近几十年来在西双版纳境内记录到的469种鸟类。

本书的章节安排，就是随着调查的开展依次展开的。写作的方式，算是自然文学类，以讲述观鸟故事为主，兼顾勐海的风土人情。本书的图片，除注明外，均为本人拍摄。另外，我还请女儿帮我用水彩绘制了若干鸟类，用作插图。至于我的具体调查路线，以及关于记录到的鸟类的分析，则详见本书附录中“我记录到的勐海鸟类”。由于本人水平有限，错误疏漏之处难免，恳请大家不吝指出！

这么多次来勐海，不仅让我遇见了很多美丽的飞羽，更让我和勐海这块土地建立了深深的联结。纳板河保护区、澜沧江、滑竹梁子、大黑山、布朗山、勐混坝子、勐邦水库、巴达、章朗……大到一座高山、一条大江，小到一块田野、一个寨子，都曾带给我惊喜和感动，让我流连忘返，魂牵梦萦。

这块土地上的人民，热情、开朗、友善、纯朴，对家乡有深深的热爱。无论我走到哪里，当地人都会热心帮助我这个背着沉重的摄影包，挂着望远镜，拿着长焦镜头的“奇怪”的外乡人。有人邀我到他家吃饭喝茶，有人为我画图指路，有人主动在山路上停下摩托车问我是否需要搭车，至于在山里开车互相礼让，在勐海更是蔚然成风……这一切的一切，都让我感到温暖。

在勐海期间，勐海县委宣传部的工作人员，以及各乡镇的有关人员，都给了我很多帮助，我都要表示深深的感谢。这里，我要特别感谢冯润安先生。冯润安，大家都叫他“冯主席”，因此我也一直喊他“冯主席”。冯主席负责对接我在勐海的鸟类调查事宜，因此这一年多来，我麻烦他

的地方可实在不少。一开始，我内心颇为不安，因为野外观鸟可不是一件人人都爱的事，我怕打扰他太多。但很快，我就打消了这个顾虑，我事先绝对没有想到，有时候，冯主席在野外找鸟的劲头，居然比我还大！而且，他为人热情，说话风趣，和他同行，特别轻松愉快。

我以前是个没有喝茶习惯的人，但最近大半年来，不知从何时起，我每天都喝普洱茶，我的身体非常接纳“勐海味”，那种茶香汤色，那种生津回甘、清洁脏腑的感觉令人无法抗拒。

我想，这就是缘分。

是为序。

张海华

2021 年 3 月 7 日

目录

CONTENTS

温泉田里的钳嘴鹳

据说，神奇的故事，总是有一个神奇的开端。我的勐海观鸟之旅也不例外。2019 年 12 月 12 日，我从宁波飞抵西双版纳，下午在勐海县城的酒店住下后，看离晚饭时间还早，就拿着相机到附近转转，见到了蓝矶鸫、红耳鹎、麻雀、家燕、黄眉柳莺、褐柳莺等鸟儿。

这里有一个有趣的巧合：2019 年 4 月我第一次踏上勐海的土地，拍到的第一只鸟是蓝矶鸫；谁知第一次来勐海进行鸟类调查，拍到的第一只鸟居然也是蓝矶鸫！不过，两种蓝矶鸫属于不同的亚种，故羽色并不相同。

蓝矶鸫

这时手机响了，是县里的冯主席打来的：

“张老师，我刚刚得到消息，在我们勐阿镇的农田里出现了一群奇怪的大鸟，当地人说从来没有见到过呢！”

“成群的从没见过的大鸟？”我心里一惊，暗想：莫非是钳嘴鹳？

赶紧对冯主席说：“有照片吗？很可能是钳嘴鹳！如果是，那运气就太好了！”

闭不拢嘴的大鸟

冯主席马上通过微信发来了照片。

点开一看，但见好多灰白的似鹭非鹭的鸟，挤在一起，在农田里休息。虽然照片有点模糊，貌似用手机变焦拍的，好在鸟的轮廓特征还是明显的：这不是钳嘴鹳是什么？！

我又惊又喜。久闻钳嘴鹳之大名，但以前只在网上见过图片；也知道它们很有可能在西双版纳出现，但事先真的不敢奢望，初到勐海，就能与它们相遇。于是，我跟冯主席商量，决定改变原定的行程，暂缓去纳板河流域国家级自然保护区，而先去拍摄钳嘴鹳。

那么，钳嘴鹳到底是什么样的鸟？说来有趣，这可是 2006 年 10 月才发现的中国鸟类新分布纪录，而且，发现者还是一个来自北京的中学生，地点是云南大理的洱源西湖。不过，从那以后，这种原本分布在印度、缅甸、泰国等国家的鸟，在中国似乎开始了它们的“北扩”旅程，不仅在云南、贵州、广西等地屡屡亮相，近年来连江西（鄱阳湖）、甘肃等更靠北的地方也偶尔出现。

既然名为钳嘴鹳，自然它是一种鹳科鸟类，属于大型涉禽。在飞起来的时候，如果不看头部与嘴型的话，钳嘴鹳还真跟大家相对熟悉

钳嘴鹳

的东方白鹳有点相似：身体大部分偏白色（冬季的钳嘴鹳羽色偏灰），飞羽和尾羽均为黑色；腿与脚均为红色。因此，看上去都是一只黑白两色的大鸟在天上飞。当然，相比之下，东方白鹳体型更大，个子更为高挑，而钳嘴鹳略显矮胖。

不过，如果把这两种鹳的喙放到一起比较，那区别可就大了：东方白鹳的喙跟所有“正常”的鸟喙一样，是平直的，基部宽而厚，越到前端越尖利，像一柄粗大的黑色匕首；而成年钳嘴鹳的喙也是又粗又厚，独特之处在于，其上喙基本平直，可下喙的中段却有明显的凹陷，以至于它的嘴是闭不拢的，就像一把夹核桃的钳子那样，当中留有明显的空隙。

自然，大家都很好奇，这钳嘴鹳为什么会长有这么奇怪的嘴呢？莫非这是它的一种厉害的独门兵器？其实，说是兵器倒不见得，这别具

钳嘴鹳

一格的嘴型，主要跟钳嘴鹳的独特“口味”有关。我们知道，鹭、鹳之类的涉禽通常爱吃鱼、虾、蛙等食物，钳嘴鹳自然也不会拒绝吃鱼虾，但它们最爱的食物，却是绝大多数鸟类无法下嘴的东西，即螺和蚌。螺和蚌虽有鲜美的肉，但它们均有坚硬的壳，难以破壳来吃肉呀！

起初，有学者认为，钳嘴鹳的嘴之所以闭不拢，正是独特的觅食习惯与自然演化长期相互作用的结果。因为，中间留有空隙的大嘴，虽然“漏风”，但恰恰有利于像钳子一样牢牢固定住螺和蚌的外壳，甚至以其强大的闭合力将壳夹碎——就像夹碎一颗核桃那样——然后顺利吃到里面的肉。这个观点听上去非常合理，因此被人广泛接受。不过，近年来的研究指出，在多数情况下，钳嘴鹳的嘴并不用于直接夹碎螺和蚌的壳，而只是为了方便夹取而已，然后另想办法吃肉。

雾里探访钳嘴鹳

好吧，所谓“耳听为虚，眼见为实”，先不管学者们如何争论，我倒真想亲眼看看“明星鸟”钳嘴鹳到底是如何吃东西的。

12 月 13 日早上 8 点多，天色刚刚大亮，但勐海县城雾气弥漫。这里得说明一下，位于中国西南的勐海，和东海之滨的宁波相比，我感觉存在至少约一个半小时的时差。我在勐海那几天，要在早上 8 点左右，太阳才会冒出小山的山头，而到傍晚 6 点半，天色才会明显暗下来。

冯主席开车来接我，顺路接上勐海县电视台的记者李老师，然后一起前往勐阿镇。一路上，都在雾中穿行，道路两边常可见到甘蔗林。冯主席说，勐海冬季的早上多雾，会持续一两个月时间，因此，当地除了雨季和旱季，也可以说在旱季之中还存在一个“雾季”。至于甘蔗，则是当地主要经济作物之一。半个多小时后，便到了勐阿镇的镇政府，镇文化站的李主任与镇宣传委员玉罕也上了车，带我们前往有钳嘴鹳的农田。原来，这块农田就在镇政府附近，具体在嘎赛村委会城子村民小组。不久前，这一带还发生过野象（即亚洲象）袭击人的事件。因此，沿路我看到了多处“野象出没”的警示牌。

到了田间道路上，雾气似乎更浓了。坐在副驾驶座上的我，忽然注意到，右边的田埂上，竟然有一只灰头麦鸡静静地站在缥缈的雾气里。我赶紧让冯主席停车，可惜，当我从后备厢中取出相机的时候，灰头麦鸡已经飞走了。

“到了！就在这里停车吧。”李主任喊了一声。

当地林业站的车已先到那里，在此巡护的工作人员指了指前方，意思是说钳嘴鹳就在那里。但雾太浓，我什么也看不到。玉罕说，这群钳嘴鹳总共有两三百只，大概是 12 月 5 日飞来的。此前，在勐阿镇

钳嘴鹳

从未发现过这种鸟。她还告诉我，钳嘴鹳群栖的这块农田，下有温泉，因此地表比其他地方明显更暖和。通常，钳嘴鹳要在田里待到快中午的时候，才会飞往附近的水塘觅食。玉罕说的有道理。钳嘴鹳是热带鸟类，想必不喜欢太冷的地方。勐海由于海拔较高，因此冬季的早晨与晚上气温都比较低，而白天只要太阳一上来，气温就会迅速升高，因此有“一天如四季”之感。这群聪明的钳嘴鹳，夜晚与早上都待在温泉田里，享受天然的“大空调”，等气温高了才飞出去活动。

我们沿着田间小路慢慢往前走，终于，我看到了，一群大鸟，影影绰绰地，几乎一动不动地待在迷雾笼罩的田里，彼此挨得很近。尽管心里很激动，但我走走停停，不敢贸然靠近，怕把这些珍贵的客人惊飞了。可冯主席显然比我还心急，他拿着数码单反相机，猫着腰，蹑手蹑脚，很快走到了离钳嘴鹳很近的地方。鸟群依然静静地待着，丝毫没有被惊扰的样子。相反，还不断有钳嘴鹳从附近的田里飞来，它们都落到了大群体之中。

冯主席招手让我过去。我感觉鸟儿似乎不怕人，便也走了过去，开始拍照。这时，有村民赶着两头牛穿过农田，一头牛见我在拍照，竟然淘气地冲着镜头“哞，哞”大叫了好几声。不久，日上三竿，雾气渐薄，如洁白的纱，远处青山隐隐，甘蔗成林，眼前鹳鸟群栖，耕牛漫步。这宁静的田园风光让我深深陶醉。

人鸟和谐，共处山野

中午，雾气消散殆尽，但田野里的几条新挖掘的水沟之上仍是热气腾腾。我好奇地走过去，马上闻到一股明显的气味，我不知道这算不

围观钳嘴鹳

算硫黄味，倒觉得有点像臭鸡蛋的味道。原来，这水沟的水就是温泉水。田野里聚集了大批钳嘴鹳，它们有的一动不动，有的悠闲地梳理着羽毛。田间小路上，来了几十位当地村民，大家都好奇地过来看钳嘴鹳。林业站的工作人员则走过去跟大家说，钳嘴鹳是比较珍稀的鸟类，请不要驱赶、伤害它们。

令我惊奇的是，尽管有这么多人围观，但鹳群始终很安静，丝毫没有惊恐的表现。我们甚至不需要长焦镜头，拿着手机就可以在 20 米开外拍摄它们。田野里，其他鸟儿也很多。家燕在天空飞舞；白鹭、牛背鹭、池鹭在附近觅食；小群的斑文鸟在草丛中活动；黑喉石䳭（音同“及”）站在枯草的顶端，不停地抖动着尾巴。

忽然，钳嘴鹳集体起飞了，有的飞到了附近农田里，也有不少飞到了远处。我们先回到勐阿镇上吃午饭，打算下午三四点钟再过来拍摄钳嘴鹳——那时候应该是它们的晚餐时间。

可是下午，当我们来到钳嘴鹳前几天一直来觅食的水塘时，却连一只鸟都没有见到。它们去哪儿了呢？我们驱车在田间兜兜转转老半天，还是没找到它们。快傍晚的时候，我们经过几个水塘之间的一条路，我说，要不在附近等等吧，说不定它们会过来的。嘿！还真巧了，我们刚停车没多久，就听见不知谁喊了一声：来了来了，它们飞来了！

果然，不远处的天空中，有好几只钳嘴鹳在盘旋，它们越飞越近，最后居然都“哗啦啦”地落到了离我们最近的水塘里。几只钳嘴鹳在残荷之间的浅水中行走，探头入水，寻找食物。我赶紧架

钳嘴鹳

好相机开始拍摄，照片与视频都拍。它们捕食的效率很高，个个吃得很开心。通过长焦镜头，我清楚地看到，它们吃的都是一种比较大的螺，疑为福寿螺。事后，我多次观看所拍摄的视频与照片，发现在很多时候，钳嘴鹳是将螺夹起来后囫囵吞下的，不过也有照片显示，钳嘴鹳似乎已经在水底用某种办法撬开了螺的口盖，然后在长喙出水时叼住螺肉一甩，就把其外壳甩掉，美美地吞下了螺肉。

这群钳嘴鹳吃饱飞走后，我们又遇到两位林业工作人员，他们正骑着摩托车寻找鹳群，以摸清它们的日常行踪，便于开展保护工作。于是，我们跟着他俩，又在附近的水塘中找到不少钳嘴鹳。有趣的是，当我们行走在田间道路上，忽然有只褐翅鸦鹃从甘蔗田里飞了出来，随即跌落在路边的沟中，在草丛中像没头苍蝇一样乱钻。我怀疑它受伤了。一位林业工作人员将它抓住，仔细检查，并没有发现任何外伤。手一松，它便飞走了。说来好玩，虽说褐翅鸦鹃的模式标本产于宁波，但我从未在宁波（乃至整个浙江）见过这种鸟，没想到，在勐海第一次见到了它。

景播大山与神眼老李

日已向暮，在群山中行驶了许久的车子忽然向右转，离开公路，拐上了一条土路。路边有指示牌，“景播老寨”四个字映入眼帘。开车的冯主席说：今晚我们就住在景播老寨。

那天，我们拍完钳嘴鹳，便离开勐阿镇，前往贺建村方向。同车来的，还有勐阿镇文化站的李主任。老李肤色黝黑，身体壮实，眼睛炯炯有神。前往老寨的山路狭窄崎岖，快到山顶时，天色渐黑，左边就是与路基落差颇大的山坡。我暗暗心惊，不停提醒冯主席：开慢一点，开慢一点，注意安全。冯主席和老李都笑了，连说没事没事。

忽然，前方路面上有一只褐翅鸦鹃在慢慢走。赶紧停车，我先隔着车窗玻璃拍了一张，刚想探出头来再拍时，它就消失了。

夜宿景播老寨

景播老寨属于勐阿镇贺建村。到达寨子时天已擦黑，我们入住村民家。开阔的院子里晒满了玉米，下临山谷，山谷对面就是黑魆魆的群山。冯主席说，这就是景播大山，明天一早进山拍鸟。

气温明显下降，屋里烤起了火，主人连声喊我们吃晚饭。冯主席说，主人一家是“八甲人”。八甲人有自己的语言与服饰，其语言与傣语相似之处甚多。不过，由于八甲人人口较少，后被划入傣族。世世代代的八甲人与茶有不解之缘，景播老寨附近山里就有古茶园。

主人家里有位年长的奶奶。这位老人家的普通话说得挺不错。她听说我是专门来勐海做鸟类调查的，以后还要写书，就恳切地跟我说：“张老师啊，我们这里的人，都对茶有很深的感情，希望你多来走走，写出‘鸟语茶香’来！”真的，当我听到“鸟语茶香”四个字时，不禁动容，赶忙回答：“说得好，说得好，我一定尽力！”

菜有点辣，调料很香，十分开胃。老李给我斟上一小杯玉米酒，说是村民自酿的，品质极好，喝了不上头，力劝我尝尝。我不会喝酒，平时稍喝一点就满脸通红，本想推辞，但看到大家都望着我，就觉得实在不好意思拒绝。于是，干脆大声说了句：“好的，喝了！晚上干酒，早上找雀！”说完，一仰头，就把这一小杯玉米酒都喝了下去。一股热流顿时像火一样，从喉咙口一直烧到了胃里，眼泪都被呛得流了下来。一桌人哈哈大笑。老李说：“慢慢来嘛，谁让你一口都喝下去了！”

这里得补充一下，“晚上干酒，早上找雀”这句话，我还是当天下午刚跟老李学的。当地把喝酒叫“干酒”，把鸟都叫作雀。比如，褐翅鸦鹃就不知何故被叫作“臭屁股雀”。

在座的一位年纪相对较轻的男士也不会喝酒，他似乎不善言辞，一直微笑着听我们说话。中途，他走出去了一会儿，返回屋里时，却急切地说：“快听，麂子在叫呢！”我们都冲到了院子里，但见星空灿烂，对面的大山只有轮廓可辨。

“快听，就在对面的山里，还在叫！”

可我真的啥也没听见。可能是因为我从未听过麂（一种鹿科动物）的叫声，而且远处山里传来的叫声又微弱，与身边的人声混在一起，我就无从辨别了。

于是又进屋。一起吃晚饭的，除了招待我们的主人一家，还有另外两位中年男士，分别姓段和姓莫，大家都喊他们段博士和莫老爷。称段先生为“段博士”，是因为他见闻广博，善于讲故事、说段子；至于为什么称莫先生为莫老爷，我可真忘了。他们都是热情开朗的人，在一起吃饭，气氛十分融洽。

清晨森林寻奇鸟

次日，即 2019 年 12 月 14 日，早上 7 点半，我们就出发进山找鸟了。那天是农历十一月十九，朝阳尚未升上来，一轮大月亮倒还挂在天空。

“我们吃点早饭再走吧！”我说。

“还是先去找鸟吧，早上鸟儿多！我们快点回来好了，再吃早饭。”

冯主席说。

说着，他和老李一起带头先走了。老李斜挎着一个包，哦不，不能说包，那只是用装饲料的蛇皮袋剪裁出来的一个包。不过看上去倒挺有特色，甚至可以说有一种独特的时尚感。

嘿，这两人，又不是观鸟爱好者，怎么找鸟比我还积极？我心里暗暗好笑。于是，就一起出发了。老李到寨子的杂货店里买了几包饼干，备作干粮。

洁白的雾气盈满了山谷，远处的山脊线背后，是浅橙色的天空，预示着阳光即将喷薄而出。景播老寨位于接近山顶的一块平地上，刚好没有被晨雾吞没。我们沿着林间小路慢慢前行。一只灰林䳭的雄鸟，戴着黑色的眼罩，在前方灌木丛中探头探脑。

“看到没有？茶园中的一根枯枝上，有只鸟停着！”老李说。

我睁大眼睛看了半天，没见到鸟。后来终于在望远镜里看到了，原来在远处的树枝上，我刚才一直在近处找，怪不得没发现。但这老李也真厉害，这蓝灰色的小鸟离我们这么远，且羽色与背景中的树林颜色接近，还是背对着我们的，亏他怎么一眼就看到了！这是一只灰卷尾。

8 点多，阳光斜斜照进了宁静的森林，柔和的光具有温暖的色调，染上了高大的乔木、碧绿的灌丛，连倒伏的老树都似乎充满了生机。从一株大树的树冠层传来了“毕毕剥剥”的声音，显然有不少鸟儿在啄食果实。仰头用望远镜仔细搜索，却很难找到鸟。冯主席和老李帮我一起找，终于看到了几只黑脑袋、黄肚皮、厚嘴巴，尾羽如燕雀一般呈分叉状的小鸟。我觉得奇怪，这蜡嘴雀不像蜡嘴雀、燕雀不像燕雀的鸟是什么鸟呀？回宁波后仔细翻书，才确认它是“白点翅拟蜡嘴雀”。这名字又长又拗口是不是？它还有个表亲，即“白斑翅拟蜡嘴雀”。据说，这是中国最长的鸟名。所谓“拟蜡嘴雀”，是指其嘴型很像蜡嘴雀，比

白点翅拟蜡嘴雀

褐喉沙燕

较厚重。

附近有一片相对比较开阔的林中空地，蓝天上有很多小鸟在飞，似乎在捕食飞虫。从望远镜里看，觉得这种鸟比麻雀还小，其轮廓比较矮胖，飞行姿势很像我在华东见过的烟腹毛脚燕。也是回宁波后我才弄明白，这是褐喉沙燕。不过，照理这种燕子应该生活在河流、沼泽这样的环境里，怎么会成群出现在高山森林之上？为此我请教了国内有名的观鸟高手钱程（网名“七星剑”），他说，燕子在转场的时候，很可能出现在貌似不合理的栖息环境，其实这种现象很正常，不必过分拘泥于鸟类生境。

“快看，远处有只红色的小鸟！啊，飞起来了，到另外一棵树上了！”老李又喊了起来。我顺着他的手指望去，一百多米外，有只红肚皮的小鸟站在枝头。幸好它是鲜红色的，衬着绿色的树林背景，还算明显。这是一只赤喉山椒鸟的雄鸟。

山野博物学家

冯主席问我：“下面有片茶园，里面有号称当地‘茶王’的古茶树，有没有兴趣下去看看？”真的，如果不是因为冯主席这样说，我都不知道下面有茶园，因为这里的茶树几乎跟森林融为一体。果然，下面有两株挂着“景播老寨茶王”的古茶树，为了防止不法侵害，树的外围用铁丝网与竹竿围了起来。

离开“茶王”，重新进入茂密的大森林。冯主席神秘地说：“你知道吗？就在这片林子里，是有野牛出没的！有人用手机远远地拍到过。这野牛啊，特征很明显，是穿‘白袜子’的——意思是说牛的膝盖以下为白色。”冯主席说的野牛，也被称作“印度野牛”，属于国家一

景播大山中的林中空地

栗臀䴓

级保护动物。我不禁悠然神往，明知遇到野牛有一定危险，还是盼望能一睹“白袜子牛”的风采。

没看到野牛，倒是看到了沉甸甸的野芭蕉的果实。正要拍呢，忽听老李低呼：“这里有啄木鸟！”我一惊，马上移开镜头，问老李：“在哪儿，在哪儿？”老李站在几块苍黑的大石头旁，身边有株枯死的大树，他指着枯树的顶端，说：“在那儿！”

光凭肉眼，我真的啥也没看到，怀疑鸟已经飞走了。可老李坚持说鸟儿正在树干上攀爬呢。举起望远镜再看，终于发现有只蓝灰色的、只有柳莺那么大的鸟在树顶的枯枝上活动，尾短，嘴细尖，有很长的黑色过眼纹。我忍不住夸奖老李：“你连这么不起眼的鸟都能看到，而且是在这么高的树上！”

从嘴型来看，它有点像一种微型啄木鸟。不过，它显然不是啄木鸟，而肯定是一种䴓（音同“师”）——一种脚趾细长有力，善于在树皮与树干缝隙中寻找昆虫或虫卵之类食物的小鸟。事后确认，它是栗臀䴓，字面意思即“屁股栗红色的䴓”，不过眼前这只的尾下覆羽偏白，钱程说这应该是个体差异，也正常。

已是10点多，吃了几块饼干，继续走。我忽觉小腿一阵刺疼，疼中还带着痒，说不出多难受。低头一看，发现脚边有株草本植物，其上有很多毛茸茸的细刺。但这些细刺居然能穿透我厚实的牛仔裤，我觉得难以置信。但冯主席证实了这一点，说这种植物就是会蜇人，遇见了赶紧绕开走为妙。后来搞明白了，它是荨麻。

荨麻

黑喉山鹪莺

前面有小股的水从泉眼里冒出来，在小沟里流淌。忽然，老李撸起了袖子，说："这里有山蟹，我掏出来给你们看。"说完，他将手伸入泥洞，先掏了几把烂泥出来，然后探入深处，还真的抓了一只约半个手掌大的蟹出来。我们拍照留影，便将它放了，这小家伙一溜烟就又钻回了洞里。

接下来，我们又看到了蓝翅希鹛、黑喉石䳭、黑喉山鹪莺等不少鸟，说来惭愧，这次在景播大山里拍到的鸟，大多数是老李先看到的。就连在身边的灌木丛深处鸣叫的黑喉山鹪莺，也是他先发现，然后指给我看，我才发现这隐藏于枯草丛中的小鸟。所幸，爱显摆的它后来跳了出来，长尾巴一翘一翘的，才让我拍到了它。不过，说它是"黑喉"，有点名不副实，它的喉部实际上是白色的，倒是胸部有些黑色纵纹。拍完，我当即送给老李一个"神眼老李"的雅号。

老李与冯主席陪我找鸟

鼻涕果

路边有一串串的野果，如青色的小葡萄，但不是浑圆的，而是有明显的棱。冯主席说可以吃，采了一把递给我。我摘了一颗一咬，还没尝出啥味道呢，忽听冯主席又说：“这叫鼻涕果……”我的胃里顿时一阵恶心，硬忍着没有把果子吐掉。是的，一咬破，果子里就有黏稠的白色液体流了出来。我当时以为这“鼻涕果”是当地的俗名，回宁波后才查明，这种植物的中文名还真的就叫“鼻涕果”，在分类上为水东哥科水东哥属植物。

随即，冯主席和老李又发现了盐肤木的果实，顿时如获至宝，采了两大把，说拿回去煮鱼非常好吃。说到煮鱼，我真的觉得好饿。当我们穿过树林，钻过玉米地，回到景播老寨时，已快中午 12 点，原计划的早饭变成了午饭。

初探纳板河：
与太阳鸟“共进早餐”

大家或许会问：纳板河？纳板河是条什么河？它在哪里？

是的，或许对大多数人来说，纳板河是个非常陌生的名字。但大家一定都知道西双版纳与澜沧江，而纳板河正是西双版纳境内澜沧江的一条重要支流。

西双版纳傣族自治州下辖景洪市、勐腊县与勐海县共 3 个县市，虽说西双版纳属于国内观鸟的热点区域，但大家主要去的是景洪市与勐腊县，因为那里有野象谷、中国科学院西双版纳热带植物园、望天树景区等成熟“鸟点”，而专程到勐海观鸟的人极少。

到勐海之前，我在网上搜到的属于勐海境内的观鸟攻略，谈得上实用性的，只有关于纳板河流域国家级自然保护区的一篇，此攻略的作者记录了 2012 年 12 月来此观鸟的收获。虽说只有一篇，但文中记录的热带鸟类让我心动不已：蓝喉拟啄木鸟、蓝须蜂虎、红原鸡、纹背捕蛛鸟、太阳鸟等。

于是，我把第一次勐海鸟类调查的地点选为纳板河保护区。2019 年 12 月 14 日，从景播大山下来后，便到了贺建村，还稀里糊涂地跟着冯主席和老李，在村里喝了一顿喜酒。

纳板河外围，难忘的早餐

当晚，翻过大山，夜宿勐海县勐往乡的南果河村。这个村，正处于纳板河保护区的北界。

纳板河保护区是我国第一个按小流域生物圈保护理念规划建设的自然保护区，其地势西北高、东南低，区域内最高海拔与最低海拔分别为 2304 米和 539 米。就行政区域而言，由西向东，它地跨勐海县的勐宋乡、勐往乡和景洪市的嘎洒镇。整个保护区内设有 4 个管理站，而我的目的地是过门山管理站，并在该管理站附近观鸟、拍鸟。

次日晨，冯主席带我到他朋友家吃早饭，去的路上顺便拐进一条小路找鸟，听见附近传来单音节的有点粗哑的鸟叫声。仔细一找，竟然发现那是一只平时不易见到的红喉歌鸲（音同“渠”），它就站在路边一株枯黄的植物上。它的喉部鲜红，说明是一只成年雄鸟（雌鸟喉部为白色，或沾染少量红色）。在中国，红喉歌鸲主要繁殖于北方，冬季到南方越冬。在繁殖期，红喉歌鸲雄鸟以鸣声动听著称，据说还善

于模仿部分鸣虫的叫声。然而，正由于其善鸣，因此常有不法分子捕捉红喉歌鸲，在鸟市上作为宠物卖。而根据 2021 年 2 月公布的新版《国家重点保护野生动物名录》，红喉歌鸲已被列为国家二级保护动物。

冯主席的朋友家所处的地势较高，门口是个平台，堆了很多金黄的玉米。我把拧着长焦镜头的相机搁在玉米上。十余米外是一棵高大的乔木，站在平台上，几可平视树冠。树冠上还有不少黄白色的花，甚大，花瓣皱皱的，不过似乎已处于花期的末尾，尚盛开的很少。朋友端来两大碗加了很多料的热气腾腾、香气扑鼻的米线，我们便坐在平台上吃。

米线超好吃，特别开胃的那种。不过，我早就注意到了大树上的花，心中暗想：要是有鸟儿来吃花蜜该多好！于是，我端着碗大口吃米线，眼睛却不时瞟一下大树。忽然，一只纤小的鸟儿飞来，停在树叶下的阴影里，背朝着我。我赶紧拿起相机对焦，呦，尽管看不清羽色，但它那特别延长、末端如针的尾巴，还有细而弯的长嘴，已经明确告诉我：

是某种太阳鸟的雄鸟！我赶紧调整曝光拍了下来，发现其背部与后颈为深红，与我在浙江见过的叉尾太阳鸟截然不同。可惜，两三秒钟后，它就飞走了。

这下，我又是兴奋又是遗憾，再也没心思好好吃米线。冯主席和他朋友都安慰我说："别急，它应该还会来的。"果然，没多久，又有一只鸟儿飞来，停在花朵旁。我再次放下米线，端起相机。镜头里出现一只灰绿色的小鸟，也有着细长而弯的嘴。显然，这也是一种太阳鸟，但从它朴素的羽色来看，可以确定是雌鸟。当时，我想当然地认为，这只雌鸟和此前出现的太阳鸟雄鸟为同一种。我稍觉遗憾，嘟囔着说："快，快把你男朋友叫来一起吃花蜜！"冯主席他们听着都笑了。

事遂人愿。此后不久，伴随着尖锐的鸣叫声，刚出现过的那种雄鸟又来了。我注意到，它并不是将嘴直接探入花冠深处获取花蜜，而是选择在花的外围，将弯而尖的嘴直接"刺"入花瓣的底部，估计这样更

黑胸太阳鸟（雌）

黑胸太阳鸟（雌）

容易吃到花蜜吧。在温暖而清澈的阳光里，美丽的太阳鸟也在享受大自然赐予的早餐。看清楚了，雄鸟的额头呈墨绿色，在阳光下闪现着金属光泽，它的脸颊下还有两条深色的髭纹，在特定的角度下会呈现紫色。就这样，鸟儿来了又飞走，飞走又飞回；我也是不停放下饭碗、拿起相机，再放下相机、拿起饭碗，折腾了好几次，才终于把米线吃完，照片也拍得比较满意了。

当晚翻鸟类图鉴查明，所拍到的雄鸟是黄腰太阳鸟。不过，在它停歇的时候，并不容易观察到黄色的腰部。在一张起飞的雌鸟的照片上，我倒是看到了“黄腰”，然而，大大出乎我意料的是，这只鸟竟然并不是黄腰太阳鸟的雌鸟，而是黑胸太阳鸟的雌鸟！因为，黄腰太阳鸟只有雄鸟具有“黄腰”，而雌鸟的腰部为灰绿色；倒是黑胸太阳鸟，不管雄鸟还是雌鸟，都具有“黄腰”。

黄腰太阳鸟（雄）

至于这棵受鸟儿青睐的大树，村民写下了它的名字，称其为“拉叭花树”，我想大概是“喇叭花树”吧，以其花朵形似喇叭而得名。回宁波后查了一下，原来那是一种猫尾树，其花期在深秋至初冬，果期在次年四五月间，长达几十厘米的蒴果呈圆柱形，密布黄褐色的毛，悬于枝上，酷似猫尾。

初入保护区，随处见奇鸟

早餐后，冯主席开车，我们前往过门山管理站。这个管理站位于勐宋乡的糯有村，离南果河村不远。车往山顶方向行驶，没多远，路两边就都是茂密的森林。我们放慢速度，留意倾听沿途的鸟语，后来在一处地方索性靠边停车。但见左边的树丛里，鸟影晃动，我蹑手蹑脚靠近，举起相机。虽然是逆光，但在镜头合焦的一瞬间，一只嘴巴长而弯的鸟儿还是清晰地呈现在了取景器里。这家伙的背部羽毛为黄绿色，胸腹部密布黑色纵纹。哈哈，我认识它，传说中的纹背捕蛛鸟，终于被我拍到了。跟黄腰太阳鸟一样，它也是属于花蜜鸟科（也称太阳鸟科）的鸟类，除了吃花蜜、果实，也善于捕食昆虫、蜘蛛之类，故名捕蛛鸟。

纳板河保护区里的群山

纹背捕蛛鸟

纹背捕蛛鸟的附近，一只头部灰色、有冠羽，身体黄绿的鹎跳了出来，殊不怕人，是个好模特。其眼先（术语，指鸟类眼睛到喙部的位置）为黑色，眼先之上则有一条浅黄色的斑纹。特征很清楚，这是一只黄绿鹎。热带地区多鹎类，后来我又遇到了很多种。

继续前行，我还在车的后座张望着找鸟呢，忽听冯主席喊了一声："到了！"下车一看，原来过门山管理站就是路边一个小院落，屋前的水泥空地上有一个棚架，上面开满了艳红的三角梅（即叶子花），映衬着碧蓝的天，显得尤为热烈。管理站的马大哥等人热情接待了我们，寒暄过后，马大哥转身进厨房为我们准备午饭，我闲不住，趁还有点空当，赶紧去旁边转转。一出管理站，就见到一条比较宽的下坡道一直向远处的群山延伸。根据事先看过的观鸟攻略，我知道这条下坡道将直抵澜沧江畔。由于这里属于纳板河保护区的缓冲区，因此坡道的路口处有横杆拦着，禁止无关车辆与人员出入。

我刚进入这条下坡道三四十米，就发现周边有好多鸟。有一只棕背伯劳起先站在一棵小树的顶上，我亲眼看它飞扑而下，逮住了一只绿

黄绿鹎

棕背伯劳

色的蝗虫。不过，它属于我没有见过的棕背伯劳亚种。华东地区常见的棕背伯劳亚种，有着像佐罗一样的黑色的“眼罩”，而头顶为灰色；但在云南，常见的棕背伯劳亚种，却连头顶也是黑色的，就像戴着一个黑色头盔。

路边的玉米地里，还有一群非常小的鸟儿在觅食，它们攀着几株长满草籽的草拼命啄食，似乎在寻找隐藏在那里的小虫。当晚翻书查明，这是一群灰胸山鷦（音同“焦”）莺，体长约 12 厘米，比麻雀还小。一旁的大树上，两只红耳鹎傲立于顶端的枯枝看风景；具有“怒发冲冠”式“发型”的黑冠黄鹎在枝桠间嬉闹。在勐海，红耳鹎、黑冠黄鹎与白喉红臀鹎等鸟儿，共享一个俗名“黑头公”，因它们的头部都偏黑色。

拍完，心满意足，回管理站吃午饭，边吃饭边想着接下来的拍摄计划。饭后，冯主席离开了，而我将在过门山管理站住几天。

直抵澜沧江：

拟啄木鸟与巨松鼠

且说，2019 年 12 月 15 日中午，我回到过门山管理站时，见到几位身着迷彩服的护林员也回来了。其中有两个年轻女孩，看上去肤色白净，十分秀气斯文，气质跟他人不同。一聊才知道，她们不是护林员，而是来自北京的中国科学院植物研究所的学生，比我早一天到这里。她们跟我一样，要在这个管理站待一周，做微生物与植物之关系的研究。

院子里还有两只狗、两只猫，除了一只黑猫略显高冷之外，其他都很亲人。后来它们都成了我的朋友。两只狗，分别叫小黑和老灰，都是公的。小黑 5 岁，健壮神气；老灰 16 岁，老态龙钟，牙齿几乎掉光了。我太喜欢这个院子了。

徒步出发，向着澜沧江

午饭时，有一个菜是用管理站养的土鸡做的，味道之鲜美，真的不用说了。边吃边闲聊，我问管理站的马大哥：“来这里观鸟的人多吗？”他说：“不算多，来的主要是大学里的研究人员，除了来做鸟类调查的，也有研究植物的，还有研究蛙类的。”我又问：“在这里看到红原鸡的可能性大吗？”我很关心这个。通常认为，野生的红原鸡是家鸡的祖先，国内主要分布在云南、广西、海南等地的森林中。老马说：“可以看到啊，就在路上走！你还能看到白鹇、鹦鹉，还有蓝须夜蜂虎，这种蜂虎就在路边的土壁上挖洞筑巢呢！对了，我们这里还有一种非常非常小的松鼠呢。”

我很惊奇老马会说出像“蓝须夜蜂虎”（现名蓝须蜂虎）这么专业的鸟名，当然，惊奇之余，心中更是悠然神往。午饭后我只是略微休息了一下，就马上带着器材出发了。下午的鸟况不是很好，没看到多少鸟。我来回走了约 7 公里，就当是为第二天的正式开工探路。

晚上，在管理站后院的长桌上挑灯夜读，一一检视白天拍到的鸟种。勐海县委宣传部部长刘应枚女士送我的大部头《西双版纳鸟类多样性》，这时发挥了很大作用，帮助我很快搞清楚了当天拍到的新鸟种。勐海这地方，年温差不是很大，但冬季的日温差很大。那几天，当地最低气温在 10 ℃以下，但中午的气温接近 25 ℃。

夜渐深，体感也越来越冷。这时，那只灰色小猫悄然跳上长凳，一直走到我的大腿上，趴好，蜷缩着身子，然后抬头看看我，“喵呜”叫了一声。爱怜之情顿时从心头涌起，我知道小家伙怕冷，来求摸摸了。我边翻书，边慢慢抚摸它，小家伙居然舒服地睡着了。

次日早饭后，小黑走到了后院。早在前一天晚上我就知道，这狗

南果河汇入远处的澜沧江

很聪明，会分清左右跟人握手。出发前，我跟小黑说："小黑，右手！"果然，它马上抬起了右前爪，跟我"亲切握手"。一位女生帮我拍下了这有趣的瞬间。

我跟马大哥说，午饭不用等我回来吃了，我出去拍鸟，估计要下午两三点钟才能回来。事后才知道，这个估计实在太乐观了！当天的徒步距离之长、体力消耗之大，在我十几年的拍鸟经历中，可谓无出其右。好在，我的机智之处在于，背包里放了几包坚果、巧克力，还有一把折叠小凳子！

过门山管理站处在半山腰，海拔约 1100 米；山顶有瞭望塔，海拔有 1600 多米；谷底的澜沧江，海拔约 600 米。我当天的原计划是从管理站出发，沿着缠绕在群山之间的土路，一直往下走，边走边找鸟，单程步行约 8 公里，一直到澜沧江边，再原路返回。

出门没多久，就见到一只矮胖的绿色鸟儿蹲在树顶的枝椏上。举起望远镜一看，顿时开心不已，原来是一只拟啄木鸟！所谓“拟啄木鸟”，即不是真正的啄木鸟，它们那粗而厚的嘴不能凿木捉虫，但善于吃植物的果实。拍了一看，发现这家伙脸上花里胡哨的，有明显的或红或橙的斑点，而所谓的“耳羽”部分为蓝色。因此，这是一只蓝耳拟啄木鸟无疑了！没想到，梦想中的鸟种就这么容易拍到了！唯一遗憾的是，此时尚早，阳光尚未照到这棵树。

继续前行，注意到左侧的山谷中有一棵开花的高大的木棉，我可以俯视树冠。树冠很大，无叶，花朵也较稀。一只黑卷尾不时大叫着从树枝上飞出，捕捉飞虫。阳光从左前方斜斜照过来，点亮了蓬蓬如乱草

蓝耳拟啄木鸟

蓝翅叶鹎

的花蕊。显然，跟南果河村的猫尾树一样，在冬天，开花的木棉树对鸟儿是非常有吸引力的。我决定在原地等一会儿。果然，没多久，就见一只黄绿相间的小鸟飞来，大大咧咧站在比它略大的花朵上，将喙探入花蕊深处，大快朵颐。它眼睛旁边呈大块的黑色，这黑色一直延伸到喉部，看上去好像系了一块纯黑的餐巾。这是一只蓝翅叶鹎的雄鸟，配色艳丽，典型的热带鸟类。

日行20多公里，邂逅巨松鼠

喜欢拿花朵当美餐的显然不只是小鸟。恍惚间，我注意到，有只形似小老鼠的动物在树枝间灵巧地跳跃，不时探头入花，似乎在跟鸟儿一样吸食花蜜。我忽然想起了马大哥说的那种比手指长不了多少的迷你松鼠。莫非是它？赶紧抓拍了下来。回宁波后翻《中国兽类野外手册》，确认它是明纹花松鼠，在国内主要分布在西南部。其头体长才 10 厘米出头，尾长跟头体长差不多——作为参照，麻雀的体长（从喙尖到尾端）约为 14 厘米——这是中国最小的松鼠。拍完这个小不点，眼睛的余光发现一只鸟儿飞到了路边的树枝上。举镜一看，心中暗喜，竟然是一只朱鹂的雄鸟！朱鹂是黄鹂科的鸟儿，我们可以将其理解为一种黑红色的黄鹂。

明纹花松鼠

朱鹂（雄）

赤红山椒鸟（雄）

后来，沿途又遇到很多鸟儿，多数是以前没有拍到过的，如赤红山椒鸟、暗冕山鹪莺、褐背鹟鵙（音同“翁局”）、白喉扇尾鹟、栗斑杜鹃等，让人应接不暇。这里得提一下栗斑杜鹃，按照书上所说的，此鸟“性机警，常闻其声但不见其鸟”。但我那天运气好得很，亲眼看到它飞来停在不远处的树枝上，而且我

褐背鹟鵙

暗冕山鹪莺

栗斑杜鹃

刚好可以通过枝桠的空当拍到它。

当走到5公里多一点的时候，刚拐过一个路口，眼前忽然一亮：在脚下的山谷中，南果河蜿蜒向东流去，汇入另一条碧绿而平静的大河——澜沧江。“啊，澜沧江，我终于亲眼看到她了！”真的，当时心中十分激动。

我不由得加紧了步伐，继续往山下走去。原打算走到江边瞧瞧，谁知当天由于不知情，到了山脚后还一直沿着大路往西走啊走，不知不觉间，竟完全偏离了方向，多走了好几公里，直走到了南果河电站！第二天才知道，其实有一条小路可以拐到江边的。因此，亲手触摸一下澜沧江水的小愿望，当天竟然没有实现。

从南果河电站往回走，要回到过门山管理站，尚需走十二三公里的路，而且大多数是上山的路。当时，我的腿脚并不觉得酸，吃了坚果和巧克力后，也不甚饿，但就是因为负重走了大半天，腰部很酸疼，后来几乎难以直立。此时，随身携带的折叠凳发挥了很大作用，我几乎每走一两公里，就必须坐下来休息几分钟，否则根本上不了山。

不过，老天爷还是厚待我的。回程的山路上，除了又拍到不少鸟儿以外，在下午5时许，前方的大树上忽然“哗啦啦”一声巨响，感觉像是一根大树枝断了似的。我吓了一跳，抬头一看，我的妈呀，一只黑乎乎的野兽正站在粗大的横枝上，尾巴也是又粗又长。这是什么东西？我立即停住脚步，屏声静气，悄悄举起长焦镜头，“啪啪啪”一阵高速连拍。从这家伙的头部形状看，像是一种松鼠，但哪有这么大的松鼠？约一分钟后，它起身一跃，消失在了茫茫丛林中。“不知中国有没有叫‘巨松鼠’的松鼠？”我心里想。没想到还真巧了，当天就查实，它真的就叫巨松鼠！是中国最大的松鼠，属于国家二级保护动物。太有趣了，在纳板河保护区，一天之内，居然把中国最小的松鼠与最大的松鼠都拍到了。

“张老师，你还没回来啊？”不久，马大哥发来了信息。

“快了，大概还有 3 公里。”我说。

天知道，我是怎么拖着疲惫的身体，一步一步挪到管理站的。回到院子的时候，已是傍晚 6 点多。手机显示，当天我走了 36000 多步，若按每步 0.6 米算，则总共走了接近 22 公里。那天的晚饭，特别特别好吃！

巨松鼠

静寂雨林：
最萌阔嘴鸟与红原鸡

细心的读者或许已经注意到了，马大哥专门提到的纳板河保护区的几种特色物种，如红原鸡、白鹇、鹦鹉、蓝须蜂虎、超小松鼠等，除了那只迷你的明纹花松鼠，我在第一次长途徒步之旅中竟无一拍到。我为此“耿耿于怀”，决定不顾劳累，再走一次这条长路，而且一定要真正到达澜沧江边，触摸一下江水。说实在的，前一天我在山路上倒是看到了一只白鹇的雄鸟（这是我第一次在野外亲眼看见这种气质高贵的鸟），但是，那只是一瞬间的事，根本来不及拍。当时，警觉的它从路边迅速起飞，拖着长长的白色尾巴，消失在了茂密的丛林中。至于红原鸡、鹦鹉和蓝须蜂虎，我真的是连见都没见过。我看到了不少疑为蓝须蜂虎在泥壁上挖的洞，但附近没有鸟。

戴头盔的阔嘴鸟

2019年12月17日上午8点45分，太阳才刚刚冒出山巅，通往澜沧江的山路至少有一半还处在大山的阴影里。我带上干粮出发了，拐过一个弯道，只见眼前的路面铺满了落叶，忽然，“扑啦啦”一声响，约30米外阴暗的路边灌木丛里，猛地飞出一只褐色的野鸡，只见它蹿入山坡的密林，犹能听到它落地后扒拉着枯枝败叶拼命逃走的声音。我愣了几秒，刚往前走了几步，再次听到“扑啦啦”一声响，一只白鹇雄鸟飞了起来。由于尾巴太长，它笨拙地扑腾着翅膀，努力飞向山坡。如果我足够机敏，或许可以迅速抬起相机，抓拍到一两张照片。但我像傻子一样愣在原地，完全忘了拍照，因为，那起飞的一瞬间实在太美了。看来，

澜沧江畔的山路

长尾阔嘴鸟

第一次起飞的，是白鹇的雌鸟。这一对本来是在一起觅食的。

在遗憾中继续前行，密林中传来“笃！笃！笃！”的响亮声音，那是一只啄木鸟在寻觅它的早餐。忽见一只绿色的小鸟轻盈地落在前方一根细小的树枝上，举起望远镜一看，不由得又惊又喜，只见它的背部与腹部以绿色为主，尾巴呈蓝色，头顶扣着一个古怪的黑色“头盔”——其实不是全黑的，而是在眼后有鲜黄的圆斑，同时头顶还有蓝色斑。它的脸颊、喉部及颈部两侧，则均为鲜艳的黄色。总之，整个头部就像是一个戴着奇特而艳丽的头饰的淘气孩子的脑袋。

这不分明是长尾阔嘴鸟嘛！

这种鸟，算得上是亚洲热带鸟类的颜值担当，我一直惦记着，却不敢“妄想”能很快拍到。但有时候，幸福总会在不经意间来临。我举起镜头，由于前面有枝叶遮挡，一时没对上焦。很快它便飞入了路边大树的树冠层。悄悄走近，用望远镜仔细搜索，又发现了它。别看它羽色艳丽，但是一旦进入浓密的树冠，就马上和环境融为一体了。我仰头拍它，小家伙有时也会低头看我，我注意到了它那淡绿的宽阔的喙，还有黄色的“围脖”，再加上萌萌的眼睛，别提多可爱了。

作别长尾阔嘴鸟，继续独行。漫长而幽静的山路，如腰带般缠绕在群山之间，逐渐盘旋而下。前方传来响亮而持续的鸟叫声，但我起初一直找不到这位招摇的叫嚷者，等发现它时却不禁哑然失笑，原来它就在离我很近的地方——一只橙腹叶鹎的雄鸟待在交错的细小树枝间，它那艳丽的羽色反而变成了迷彩一般的保护色。这种大自然主导的奇妙搭配，我后来又多次遇到。

咦，又有谁在路边的灌木丛里大声鸣叫？这单调的声音，给人以急切的感觉。我停下脚步，躲在树下的阴影里，静待这叫声的主人现身。果然，几秒钟后，一只翘着长尾巴的深色鸟儿跳将出来，落在路面上。它一边叫着，一边几乎以同样的节奏翘动着尾巴，我看着就想笑。当然，我没有笑，而是举起了相机，对准了这只白腰鹊鸲的雄鸟。白腰鹊鸲以鸣声动听著称，不过现在是冬季，还没到它唱“情歌”的时候。在中国南方，鹊鸲是广泛分布的常见鸟，不过白腰鹊鸲只分布在热带地区，而且不像鹊鸲一样跟人类亲近，通常活动于离人类居住区较远的野外。

“巨鹛”与原鸡

跟前一天一样，我走了大半天，不见一个人影。除了风声、枝叶摇动声、自己的脚步声，以及各种奇奇怪怪的鸟声，几乎是一片静寂。偶尔，也会有特别的声音。不远处的山坡上，有时会传来群体性的争吵

声与撕咬声，我估计那是猴群的骚动。还有一次略显“惊悚”：随着头顶的树枝一阵乱晃，我抬头瞥见一只白肚皮的小野兽，猛然从这棵树跃到那棵树，眨眼便消失了。我很享受这种感觉，或许我天生适合在这样的原始山野中行走吧。

快到江边时，我的腰部又开始酸疼了，只好放慢速度，不时坐下来休息。沿途又收获了纹胸巨鹛（最新中国鸟类名录已改为“纹胸鹛”）这种以前未曾见过的鸟儿。一看“巨鹛”字样，大家或许会以为这是一只很大的鸟吧？其实它跟麻雀差不多大。小家伙当时在阴暗的小竹林中跳来跳去，拍下来一看，只见它头顶棕红，喉部与胸部浅黄，多深色纵纹——这就是所谓的“纹胸”了。

没多久，我的运气又来了。当时，在拐过一个弯后，我猛地停住了脚步：几十米外的路边，好像有一只野鸡。为什么说“好

红原鸡（雌）

像”？因为它当时并没有动，而是呆呆地站在路边，远看跟一块石头差不多，但它的轮廓很像一只母鸡。我悄悄举起镜头，果然，是一只雌性的红原鸡！除头部略偏黄之外，它全身均为深灰褐色，与地面的颜色很接近。

显然，它并没有发现我。过了一会儿，它才慢慢走动起来，但显然非常小心，一直在张望着什么。或许，它感觉到了一丝异常。我一动都不敢动，举着镜头，也像凝固了一般。又过了一会儿，它才放松了下来，自顾自在山路上觅食了，一直走到了茂密的草丛里才消失。暗自庆幸之余，我又在原地等了一会儿，指望红原鸡的公鸡也出来亮个相。然而，并没有。

吸取了前一天的教训，在离澜沧江不远的时候，我离开大路，右转进入小路。这条小路完全处在遮天蔽日的雨林中，根据鸟友写的攻略，“2012 年 12 月在这条路上曾看到过褐喉直嘴太阳鸟”（现在叫“褐喉太阳鸟”，2009 年才发现的中国鸟类新分布记录），我一路仔细找，可惜无缘相见。

穿过密林，眼前豁然开朗，出现了一块三面被大树围绕的空地，而剩下的敞开着的那一面，正对着澜沧江。那时，已近下午两点。

独坐江畔，静听风吟

尽管又累又饿，但心情十分愉快。江边有一小块沙滩，我放下望远镜与相机，卸下背包，拿出折叠凳、水壶、坚果和巧克力，坐了下来。

在耸立的山峰之间，清澈的江水映着青山绿树，缓缓向东南方向

澜沧江

文蛱蝶在澜沧江边沙地吸食水分

流去。周围一片寂静，只有轻轻的风声和偶尔传来的细碎鸟声。有人驾着一艘小船，逆水而上，很快就消失了。一只金黄色的蝴蝶，停在潮湿的沙地上，贪婪地吸着富含矿物质的水分。约 30 米外的岸边，一只白喉扇尾鹟在跳动，转瞬又进入了树丛。

吃过东西后，用清凉的江水洗了洗手，然后又坐下来发呆，整整坐了半个多小时。跟以前在宁波独自夜探峡谷溪流一样，我又觉得自己融入了原始的荒野，仿佛暂时脱离了复杂的社会，回到了远古蛮荒时代。这种感觉特别好，就像回到了久别的安静的故园。

起身，再次走入密林，探索了另外一条小路，这条路也通往江边，只不过离我刚才休息的地方有几百米。很惊奇地在那里的江边发现了一幢废弃的房子，门窗皆无，墙壁上有不少涂鸦，用黑色颜料画着硕大的花朵和持花而舞的人。

我默然退出，回到密林夹道的小路上。午后的阳光，照在路边一棵造型婀娜的树上，碧绿的树叶在逆光下闪闪发亮，很美。

纳板河保护区中的密林与小道

树林之下，却相当阴暗，有不少小鸟在跳跃鸣叫。很费劲地拍到了几张，虽然成像质量不佳，不过当晚翻书一查，在密林中拍到的三种鸟分别是山蓝仙鹟、黄腹鹟莺和褐脸雀鹛。我有一本《雨林飞羽：中国科学院西双版纳热带植物园鸟类》的书，书中说：该植物园的百竹园中住着三大鸟类“歌唱家”，即白腰鹊鸲、山蓝仙鹟和黄腹鹟莺。没想到，这三位“歌手”在一天之内均被我收入镜中。

山蓝仙鹟

钩嘴林鵙

返回过门山管理站的路上，又拍到了钩嘴林鵙。“鵙”这个字很古老，在《诗经》里就已经出现，见《豳风·七月》：“七月鸣鵙，八月载绩。”《诗经》里的“鵙”，指的是伯劳，而现代鸟名中的“鵙”，却不是指伯劳，而是指比较像伯劳的鸟。钩嘴林鵙，虽说也有着跟伯劳类似的黑色眼罩和尖端带钩的喙，但它属于山椒鸟科，和伯劳科的鸟没多大关系。

时近傍晚，再次惊飞一只白鹇雄鸟，可惜还是没有拍到，因为我又惊艳于它的美，傻乎乎地愣在了原地。

纳板河的“神树”

2019 年 12 月 16 日至 17 日，我连续两天往澜沧江方向走，分别走了 3.6 万多步与 3 万多步，虽说收获很大，但真的累坏了。18 日早上起来，我决定不再这么“自虐”。

换路线之前，我盘点了一下，来纳板河保护区前预想的几个重要观鸟目标中，蓝耳拟啄木鸟、长尾阔嘴鸟等都如愿拍到了，红原鸡虽说只拍到雌鸟，但总归是拍到了这种鸟；白鹇和某种热带斑鸠都见到好几次，虽说没有拍到，但相信以后一定还有机会。

当时心里觉得最遗憾的是，蓝须蜂虎恐怕是真的无缘相见了。

然而，峰回路转，我居然遇见了一棵“神树”。

卷尾引我发现“神树”

资深的“鸟人”（指观鸟或拍鸟爱好者）都知道“神木”“魔术林”之类的说法，它们被用来指“好鸟”爱停栖、聚集的树木或树林。我遇到纳板河保护区的“神树”，纯属偶然。

那天坐冯主席的车子过来的时候，我就发现路边的植被很好，徒步走的话应该会找到更多的鸟。因此，那天早上，我一离开过门山管理站，就往左拐，即沿着当初从南果河村来管理站的那条盘山公路走。身边的大树树干上，簇生着很多野生兰科植物，如鼓槌石斛等，可惜目前不是花期，估计要到春天，这些兰花才会盛开。远处的山谷中，涌动着洁白的巨大的雾气团，有一种奇幻的美。一群绣眼鸟在树上“啾

纳板河保护区“神树”的树冠

啾”叫，几只黑短脚鹎也在唱歌。这里的黑短脚鹎真的是全身黑色，与华东地区常见的黑短脚鹎属于不同色型，后者身体黑色而头部雪白，因此被称为“白头黑鹎”更贴切。

大约走了两公里，注意到左前方路边有一棵大树，树下有好几只鸟在翻飞。树的主干略微向路面倾斜，因此树冠的大部分都罩在道路之上。走近看，树冠下，三四只黑色的鸟不停地从树枝上扑出去，飞一圈后又回到树上，貌似在捕捉飞虫。用望远镜观察，只见它们的尾部如燕子尾部一样分叉，尾端稍有翻卷，身形比较矮胖，不似家燕或金腰燕那般修长轻盈。显然，那是一种卷尾，但不是分布广泛的黑卷尾或灰卷尾。

黑短脚鹎

古铜色卷尾

当晚翻书才确认，其名为古铜色卷尾。它的背部、前胸和头顶的羽色，均为泛着金属光泽的蓝褐色，其实跟真正的古铜色还是不一样的。

仔细观察树冠，才注意到这棵树上结着密密麻麻的果子——这些浅黄的小圆果，与其说是“结”，还不如说是“粘”在树枝上的。我想，与其像前两天那样不停地走，还不如尝试“守株待鸟”，看看这棵大树到底会吸引多少“食客”。于是，我拿出折叠凳，就在路边的草丛里坐了下来。刚到树下时，很多原本在啄食果实的鸟儿都惊飞了，但坐下来没多久，鸟儿们又回来了，而且越来越多，主要有朱鹂、黑冠黄鹎、灰眼短脚鹎、灰短脚鹎、蓝翅雀鹎、蓝耳拟啄木鸟等。显然，它们舍不得这个“大食堂”。

有只绿身体、厚嘴巴的拟啄木鸟飞来，先停在大树旁的一棵小树的枯枝上，左右张望了一下，确认安全后才飞入树冠吃果子。起初我以为这也是一只蓝耳拟啄木鸟，但随即发现除了头顶为红色，其脸颊、喉部全为蓝色，无红色圆斑，原来是蓝喉拟啄木鸟！真开心，没想到两种拟啄木鸟在一棵树上凑齐了。再用望远镜慢慢搜寻，发现树干上有一只背部蓝灰色的很小的鸟在贴着树干攀行，就像一只超小的老鼠，动作非常利索。原来又是栗臀䴓！上次在景播大山中见过的。这小不点儿始终沿着树枝跑上跑下，用细而尖的嘴寻找躲在树皮缝隙里的昆虫，也会顺便啄食果实。

蓝喉拟啄木鸟

栗臀䴓

黑胸太阳鸟

右边的小树丛里，传来一阵很有金属质感的尖锐的鸟叫声，悄悄站起来，见到一只深色的太阳鸟正站在一串小花的边上。拍了下来，晚上查明，原来是黑胸太阳鸟的雄鸟。

当天中午，怀着轻松而满足的心情，回到过门山管理站，好好吃了一顿午饭。午后回宿舍略微休息了一会儿，又到管理站附近走了一圈，看了一下地形与环境，顺便拍到了黑卷尾、灰眼短脚鹎、灰林鹏等。

二探“神树”，奇迹出现

12 月 19 日一早出发，再去看“神树”。那时候阳光刚刚照上树梢，忽听公路右边的树林里传来一阵骚动，好像有什么动物在飞蹿，但林子里黑乎乎的看不太清楚。一直等那家伙爬到光影斑斓的树干上，

褐脸雀鹛

相机终于努力对上焦，才发现又是一只巨松鼠在搞事！这家伙每次出来动静都很大。

沿路找鸟，碰到了一群吵吵嚷嚷的栗耳凤鹛，还有褐脸雀鹛、暗冕山鹪莺、黄绿鹎、褐背鹟鵙等。早上鸟儿活跃，常混群出来觅食，这就是所谓的“鸟浪”。可惜由于光线尚未照到左边的山坡，拍到的鸟片质量都不好。不久，见到一只鸟在路右边的树上跳动鸣叫，这棵树倒是在阳光下，可惜鸟儿在树冠层，大多数时候我只能仰天拍到它的肚皮，偶尔可见部分侧面。这鸟儿看上去有种胖墩墩的感觉，腹灰白，嘴粗厚，有着跟伯劳一样的黑眼罩，翅上有橙色斑。这是一种以前我没见过的鸟！事后仔细对比鸟类图鉴，终于弄清楚了它的大名：红翅鵙鹛（音同“局眉”）！

看到这里，我猜可能很多人会忍不住吐槽：这个鸟名怎么如此奇怪，难道就不能好好取一个不那么冷僻的名字吗？是啊，我也有同感。但我知道，像这些鸸、鹏、鵙、鹪之类，其实都有古典的出处，就像前面一篇文章说过的，“鸭”在《诗经》里就是指伯劳，现代的鸟类学家则借用来指比较像伯劳的鸟。

说远了。当我刚刚走到“神树”旁边时，就见到一只绿色的鸟从树冠中翩然飞出，停在一棵小树（就是停过蓝喉拟啄木鸟的那棵树，很多鸟都把它作为进出“大食堂”的跳板）的枯枝上，背对着我，好像在低头吃什么东西。凭多年拍鸟的“职业敏感”，我马上意识到这很可能是一只蜂虎！所谓蜂虎，就是“捕食蜜蜂的虎”的意思，我此前拍到过蓝喉蜂虎与栗喉蜂虎，它们都是很漂亮的鸟。

难道又一个梦幻鸟种出现了？我的心不由得加快了跳动。吸一口气，稳稳地举起镜头，按下了高速连拍的快门。相机以每秒 11 张的连拍速度拍摄，因此尽管这鸟儿很快飞走了，但我已经把它抓拍了下来。

果然是蓝须蜂虎！而且，它刚刚抓了一只蜜蜂在吃。稍稍有点遗憾的是，它几乎都是背对着我，只有很短的一个瞬间身子略微侧过来一点，让我拍到了它的“蓝须”，即近似络腮胡子的蓝色喉部。正所谓：

叼着蜜蜂的蓝须蜂虎

纯色啄花鸟

“踏破铁鞋无觅处，得来全不费工夫！”我激动不已。尽管那时还只是早上，但感觉这一天都已经超值了。

继续在树旁的草丛里蹲守。来“大食堂”的，除了昨天的老朋友，又新增了纯色啄花鸟、暗灰鹃䴗（从这个鸟名可以大致猜出来了吧，这是一只暗灰色的、既像杜鹃又像伯劳的鸟！）等新食客。

那几只古铜色卷尾相当霸道，不时驱逐其他鸟儿，不让别人分享这棵大树。但树这么大，食物资源是大家的，岂能让几只卷尾吃独食？其他鸟儿虽受到驱赶，但也不为所惧，照样过来吃。我在一旁看着，觉得好笑，心想这些卷尾也真是多事，自己在树下捕食昆虫，别的鸟过来吃果实，各自“生态位”不同，互不妨碍，又何苦去赶别人？晚饭时跟马大哥说起此事，老马说：“这鸟啊，我们叫它们‘辣子’，确实很凶的，连老鹰都敢驱逐呢！”老马没说错，卷尾科的鸟都不是好惹的。

蚌赛河的棕雨燕

12月19日中午，离开“神树”，前往不远处的寨子。快到达时，只见路边是甘蔗田，人们在忙着收割甘蔗。在勐海，甘蔗是重要的经济作物，种植面积很大，也有两座配套的糖厂。田边的公路上停着一辆货车，村民们正把大捆大捆的甘蔗往车上搬运。路边还有一辆农用三轮车，车上有显眼的“汗血悍马”字样，一个两三岁的大眼睛男孩站在车里吃橘子。我看他可爱，就上前逗他玩：“宝宝几岁啦？橘子好吃吗？”小家伙瞪着我，不吭声。我继续问，忽然，这家伙闪电般伸手，“啪”的一声，我的左脸中了一巴掌。我还没反应过来，他已往后跳了一步，“咯咯”直笑。这坏小子！我也笑了。

再往前走，左边是小块的梯田。沿途见到了棕背伯劳、红耳鹎、灰林鹏等鸟儿，天空有不少燕子在飞。此时艳阳高照，天气颇热，加

村民在收割甘蔗，远处的寨子就是蚌赛河

棕雨燕

之饥肠辘辘，故无心多拍，想先到寨子里找点吃的。谢天谢地！刚进寨子就见到一家杂货店，我买了方便面与冰镇可乐。老板娘为我烧开水，以便泡面。店门口的遮阳棚下，放着一张小方桌，桌上有茶水，供路人解渴。在我坐下来之前，一只母鸡大模大样地跳到桌上，可惜没踱几步，就被拎着热水壶的老板娘赶了下来。说实话，我原本是不喜欢吃方便面与喝可乐的，但那天觉得味道奇佳，简直是在享受豪华套餐。顺便说一句，在这小店里也可以移动支付。因此，我到勐海之后也没有用过现金。

有位老人走过，我问他这寨子叫什么名字。老人家很大声地说："棒伞湖！"我完全听不懂，抬头看老板娘。年轻的老板娘普通话说得很好，她告诉我，这里是"蚌赛河"，是个村民小组，属于勐往乡南果河村。吃完往回走，此时才发现，在甘蔗田与梯田上空到处飞舞的"燕子"的翅形呈狭长的镰刀状，显然它们不是通常所说的燕子，而是雨燕（注：雨燕与家燕、金腰燕等我们熟知的燕子在分类上并不相同，前者属于夜鹰目雨燕科，而后者属于雀形目燕科）。用望远镜观察确认，它们都是棕雨燕。这是一种黑褐色的雨燕，而不是棕色的，得名"棕雨燕"是因为它们喜欢在棕榈树上营巢。我设置好了 1/3000 秒到 1/4000 秒不等的高速快门，才抓拍到了这些在高速飞行中捕食昆虫的小精灵。或许是因为在正在收割的甘蔗田上空飞虫特别多，那里的棕雨燕的密度也最高。回放照片才发现，这群棕雨燕中，混杂着少量斑腰燕（也不排除是金腰燕，这两种鸟高度相似）。

回到“神树”，又守候了一会儿。树上的食客比上午略少。拍到一张蓝耳拟啄木鸟停在树冠中的照片，觉得它的保护色简直是绝了，我把这张照片发到朋友圈里考考大家的眼力，果然不出所料，百分之九十九的人找不到这只鸟。最有趣的是我的一个大学同学，我都已经把鸟儿圈出来发给她了，她还说：“这真的是一枚树叶啊！”

考眼力，你能找到那只蓝耳拟啄木鸟吗?

暂别纳板河

接下来的 12 月 20 日，又是大丰收：一天之内居然见到了约 40 种鸟。如果单从鸟种数量而言，显然是到纳板河保护区以来成果最丰硕的。

当天的观鸟路线与 19 日一样，先到“神树”，后到蚌赛河寨子，再返回到过门山管理站。一早出发不久，就拍到了棕腹仙鹟——一只腹部棕色，其他部分以蓝色为主的鸟。继续在“神树”旁的草丛里守候，经过这条路的司机与村民无不向我投来好奇的目光。我自己也觉得好笑，暗想若不是拿着相机与望远镜，恐怕会被人当作潦倒的流浪汉吧。不过，与其日日在车水马龙的繁华都市里奔波，还不如在这样美妙的野外与鸟儿相伴，在大自然中做一个充实而快乐的流浪汉！

在暖阳里，我静静地坐着。“神树”的果实不时落地，啪嗒，啪嗒，像极了大雨后水滴不断从树叶上滚落的声音。伴随着响亮的鸣叫，

白腰鹊鸲

长尾缝叶莺

红胸啄花鸟

一只白腰鹊鸲的雄鸟突然从路边的灌木丛里跳了出来，站在路边的水泥桩上。它根本没有发现我，在离我很近的地方，激动地晃动着长尾巴，偶尔露出白色的腰部。后来，又一只长尾巴的鸟儿跳到了路面上，不过体型比白腰鹊鸲小了很多。那是一只机灵可爱的长尾缝叶莺。说来好笑，长尾缝叶莺是华南常见鸟，但我居然还是第一次见到。

仰头看树，我注意到一只很小的鸟在枝叶间啄食。拍下来一看，只见其胸部有一块明显的朱红色斑，原来那是一只红胸啄花鸟。跟前两

绒额䴓

天在这棵树上拍到的纯色啄花鸟一样，红胸啄花鸟也非常微小，它们的体长连麻雀的三分之二都不到，都属于中国最小的鸟。后来还拍到了灰卷尾。这里的灰卷尾，真的是全身灰色，与我以前在国内其他地方拍到的长着白脸颊的灰卷尾不同，属于不同的亚种。

临近傍晚，回到过门山管理站，离吃晚饭时间还早，抱着到附近随便走走的心态，又拿着器材出去了。谁知运气好到连自己也不相信，居然又拍到了绒额䴓和黑翅雀鹎这两种以前没见过的鸟。我尤其喜欢绒额䴓，它长得实在太有喜感了。继栗臀䴓之后，绒额䴓是我拍到过的第二种䴓科鸟类，体色相当艳丽：背部与头顶接近天蓝色，前额为天鹅绒般的黑色（由此得其名），尖尖的小嘴鲜红色，而眼睛的虹膜又呈黄色。当时，这小家伙正在一株落叶乔木的高处，沿着树枝觅食，它仔细检查树皮的缝隙，不放过每一块翘起来的树皮。

12 月 21 日，周六。早饭后，中国科学院植物研究所的两位女生便离开了管理站，前往位于西双版纳的另一个研究点。我是 22 日上午的飞机回宁波，因此我还有 21 日上午半天的时间在附近观鸟，县里的冯主席计划于下午过来把我接走。当天上午，又在“神树”及附近的路边拍到了赤红山椒鸟、白喉扇尾鹟、冕柳莺、黄眉柳莺、黑胸太阳鸟等，还两次见到一种尾羽飘逸的盘尾（也是属于卷尾科的鸟），可惜都没有拍到，而且由于是迅速掠过，因此我甚至不能确认是大盘尾还是小盘尾。这白喉扇尾鹟，是我见过的最“浮夸”的鸟，它虽说只有黑白两色，长得并不靓丽，且喜在阴暗的树林中活动，但“身体语言”却极为丰富：只见它情绪亢奋地在树干上跳来跳去，有节奏地展开尾羽呈扇形，如孔雀开屏一般，有时还会突然做 180 度的转身，就像一种动作夸张的舞蹈。

我做了一个统计，在纳板河保护区的“神树”下，我至少拍到了 30 种鸟。那么，这棵树到底是什么树呢？在勐海时，我猜那是一种榕树。回宁波后，请教了学植物的朋友才弄明白，在分类上，此树确实属于桑科榕属，大名叫“绿黄葛树”。

下午 3 点多，冯主席开车过来了，同车来的还有他的家人。他说，

白喉扇尾鹟

从瞭望塔上可以看到一段澜沧江

带我到山顶的寨子喝喜酒，是拉祜族的婚礼。这时我才知道，冯主席原来是拉祜族人。从过门山管理站出发，沿狭小的盘山公路一路盘旋而上，来到寨子，其全名为“勐宋乡糯有村小糯有上寨村民小组”。寨子旁有瞭望塔，是这一带的制高点，每天有护林员值守，严防森林火情。我们登上瞭望塔，顿时有“一览众山小”的感觉，连远处的澜沧江都可以看到。

喝完喜酒，冯主席带我下山。路过过门山管理站时，我见到小黑蹲在路边。我赶紧让冯主席停一下车，摇下车窗，喊道：“小黑！小黑！”小黑抬头一见我，顿时热情地摇起了尾巴，同时“汪汪”直叫。这聪明的狗，知道我要离开了呢！我心里有点难过，说：“小黑，下次我还会再来看你的！”

到达山脚的糯有村时，已是晚上 7 点多。冯主席忽然说：“我们正经过一座桥，桥下就是纳板河！”啊，没想到，纳板河就在下面，我都还没有见过她呢！可惜，四周一片漆黑，啥也看不见。

12 月 22 日破晓之前，我们就出发前往机场了。再次经过纳板河，我还是没有一睹她的容颜。再见，纳板河，我春节后再来！

飞鸟与野象

按照原计划，我准备在2020年2月，也就是春节假期结束后不久，就来勐海进行第二次鸟类调查。万万没有想到，新冠肺炎疫情突袭而至，预订的航班也被取消，我根本不可能离开宁波。

好在到了3月，国内的疫情得到了较好的控制，很多地方的形势都稳定了下来，国内出行逐步恢复正常。时间不等人，我赶紧订了机票。3月20日，正是春分节气。花了一整天时间，途中测了无数次体温，终于到了勐海。这次，我是带女儿航航一起来的，我想让孩子也感受一下勐海的风土人情。

初识曼稿子保护区

这次到勐海，第一站是西双版纳国家级自然保护区的曼稿子保护区。3月21日上午，在办妥相关手续后，我们在保护区的曼稿管护站住了下来。曼稿管护站就位于勐海镇的曼搞村，离县城不到半小时的车程。看到这里，大家可能会有点疑惑：是不是写了错别字啊？这里的地名，到底是曼稿还是曼搞？其实，两者都对。用作村名时，是曼搞；而用作保护区名字时，则是曼稿。

随后，我和航航一起到管护站附近的一个生态茶园找鸟。这个茶园位于弄养水库旁，茶叶地里保留了很多原生的参天大树。这样的茶园在勐海有很多，其景观跟江浙一带的茶园迥然不同。

这是我第二次来这个茶园。第一次来，是在2019年4月，那次我是应邀前来参加勐海自然与文化论坛的，其间跟着大家参观了这个

弄养水库旁的茶园

褐柳莺

茶园，还在茶园中品尝到了一种味道独特、特别提神的野果：坚核桂樱的果实。那天还是刘华杰教授爬树给我们摘下来的。此次故地重游，倍感亲切。我拿着望远镜与相机慢慢找鸟与拍鸟，女儿则用另一台相机拍一些风景和关于我的工作照。

茶园中鸟儿不多，主要是大山雀、白鹡鸰、家燕、树鹨、灰林鵖等常见小鸟。退出来时，听到茶树中有只小鸟不停地发出“杰！杰！”的叫声，很像两颗小石子相击的声音。应该是褐柳莺！我静静地等了一会儿，终于见到灵巧的小家伙从枝叶间露出了身子，但转瞬又不见了踪影。

临近中午，回到管护站。站里的岩大哥抓了一把新鲜的绿色蔬菜放在餐桌上，说让我们蘸着碗里的调料吃。我一看，这蔬菜上还开着花，花的形状跟油菜花类似，原来是十字花科植物。我问这是什么菜，身旁一位名叫“四有”的护林员说，这是萝卜呀！我顿时觉得脸上一热，

萝卜的嫩叶及调料

怎么连萝卜都不认识！是啊，平时吃的都是萝卜的肉质根，从没吃过叶子！

赶紧又问，这调料是什么？四有说，调料是把罗非鱼的肉煮熟后剁成肉糜，再拌以辣椒等制成的。我和航航都试着拿萝卜叶蘸了调料后送嘴里，啊，菜叶的清香加上鱼肉的鲜辣，那味道别提有多好吃了。特别是航航，更是赞不绝口。那天中午，平时在家吃饭甚少的她，居然连吃了两碗米饭。后来，我们在外面观鸟的时候，她还跟我说，哪怕没有别的菜，光靠那调料拌饭，她都可以吃下好多！另外，那天还有一个菜，四有说，是用一种当地叫作“白花”的花朵跟肉一起烧的，味道也很好。

下午，我们驱车来到同属于曼稿子保护区的勐阿管护站。这个管护站位于公路旁的小山坡上，周围有很多思茅松。站里的护林员告诉我，角落里那棵树，以前常看到鸟儿来吃果实。我和女儿先到附近山里找鸟。林间小路上，落叶与松针满地，踩上去特别柔软、舒服。可惜，没走多远，天色忽然暗了下来，远处传来了隆隆的雷声。我和女儿赶紧往回走，刚回到管护站，雷雨就袭来了。我爬上院中高高的瞭望塔，俯视四周，但见茂密的森林郁郁葱葱，雨雾中的村庄若隐若现。忽听下方传来细碎的鸟叫声，用望远镜一看，原来是五六只蓝翅希鹛在枝叶间跳来跳去。记得第一次来勐海进行鸟类调查时，我曾在景播大山中拍到过这种小鸟，不过当时它在很高的树上，我只拍到了肚皮版，这次的视角，倒刚好反了过来，我从瞭望塔上俯视鸟儿，清晰地看到了它那蓝灰色的翅膀、头顶与尾羽，还有褐色的背部。

雨停后，我们回到曼搞村，在村边的寺庙（当地习惯叫缅寺）附近转了转，看了一下地形。途中见到一条一米多长的大蛇被碾死在路面上，依稀可见它嘴里含着类似于蟾蜍一样的东西。我们推测它捕到猎物不久，正在费劲吞食时而不幸遭到车辆碾压，不禁十分同情。

蓝翅希鹛

野蜂巢与黑翅鸢

3 月 22 日清晨，大雾弥漫，暂时没法找鸟。我们决定先去附近早市逛逛。这也是受刘华杰老师的影响，他在《勐海植物记》中多次提到，很喜欢去逛勐海的早市，可以看到很多有趣的野菜野果。

这个早市离曼稿管护站不远，驱车十分钟左右就到了。早市就设在路边，相当热闹，缓步走去，但见蔬菜、水果、牛肉、活鱼、自制调料、野生蜂蜜等应有尽有，都在路边摆放着，这些菜蔬都十分新鲜，色彩艳丽又清新，令人赏心悦目。大致看了一下，光我大致认识的，就有薄荷、蕺菜（即鱼腥草，包括根和叶）、野芭蕉花（芭蕉科小果野蕉的花，吃的是其红褐色苞片与花序）、用开水焯过的嫩蕨等。我们在早市旁的早餐店吃米线，发现可以自助在米线上加新鲜的薄荷叶。有的人可能吃不惯这个，嫌它“有清凉油的味道”，不过我倒是能接受这个口味。

当天，在曼稿管护站附近的乡村公路上，见到一男子正在树上采摘花朵，一问方知，他采的就是可食用的“白花”。这种树在勐海很常见，路边、山里均有，其名为白花洋紫荆，属于豆科植物。后来，在山里拍鸟时，我发现鸟雀也很爱吃它的花蜜。在同一条路上，还有一种有趣的树，很多像是橙黄色小喇叭的花紧贴着树干而开放。这种花也是当地的佳肴，其名为火烧花，属于紫葳科。

从早市回来，雾气也刚好散了。我们决定到曼搞村的缅寺及附近山里走走。寺庙前有小块的菜地与水塘。纯色山鹪莺、灰胸山鹪莺、麻雀等小鸟在篱笆上跳来跳去，白鹭、池鹭、喜鹊偶尔振翅飞过，普通翠鸟“滴滴”叫着，飞向水塘。

此前听四有说，这附近的山路边有棵大树，树上全是野蜂的大型蜂巢。这让我十分感兴趣，决定过去看看，顺便找鸟。一路跟村民打听，

大树上的野蜂巢

没有费太大的劲，我们就在山脚的茶园里找到了这棵大树。此树非常高大，光靠近根部的那个半凹进去的树洞就比我高得多，里面塞三四个成年人没问题。树冠遮天蔽日，仔细看，才发现在那些粗大的横枝上“粘”着很多蜂巢，这些蜂巢的颜色大多为很深的棕褐色，有点像略烤焦的或长或方的巨大面包。用望远镜仔细看，我并没有见到一只野蜂，不知何故。

云南柳莺

附近的森林非常原生态，各种好听的鸟叫声不绝于耳。但恼人的是，绝大多数情况下，我都是只闻其声不见其鸟，因为林子太茂密了。我只拍到了一只唱歌的小柳莺。事后反复核对各种鸟类图鉴，如果我没认错，它应该是云南柳莺。观鸟爱好者都知道，柳莺的辨识非常令人头疼，有的种甚至得依靠鸣声才能确定。

下午，经四有推荐，到曼搞二小旁边的山路找鸟，见到了鹊鸲、蓝翅希鹛、黑短脚鹎、红耳鹎、白喉红臀鹎、大山雀、绣眼、树鹨等常见鸟类。

晚饭后，看天色还早，夕阳未坠，我决定拿着镜头到曼稿管护站旁边的田野里走走。事实证明，这是一个十分正确的决定。这块田野，一半是正在收割的甘蔗田，还有一半是空地，乍一看倒也无甚特色。我抱着饭后散步的心情，走进田里。灰鹡鸰在水塘里觅食，棕背伯劳静静地停在电线上。

一只褐翅鸦鹃突然从水沟边的草丛里飞起，吓我一跳。顺着褐翅鸦鹃消失的方向，我注意到远处的电线上停着一对白色的鹰。心情顿时激动起来，举起望远镜一看，果然，是两只黑翅鸢！黑翅鸢是体态轻盈的小型猛禽，善于在空中悬停，寻找猎物。在飞行的时候，可以看到其明显的“黑翅”，而它们的头部与胸腹部都是白色，眼睛红色，看上去特别酷。这两只黑翅鸢非常警觉，稍稍接近，它们就飞向远处。

再一次拍到这两只黑翅鸢是在两天后。那天傍晚，我再次走入田野。运气超好，抬眼就看见一只黑翅鸢对着我站在电线上。仔细一看，

黑翅鸢

差点惊叫出来：这家伙的爪子下居然有一只几乎已被吃干净的老鼠——只剩老鼠细长的尾巴连着少量皮肉挂在下面。赶紧拍了几张，它就发觉了，马上飞走了。在望远镜里，我看到它飞去和它的另一半会合了。

绕了一圈，准备回去的时候，忽然听到一阵响亮的鸟鸣声，类似于某种苇莺。用望远镜搜索，发现一只褐色的小鸟正停在电线上放声歌唱。我先拍了几张，等进一步靠近时，这家伙却飞走了。回去一查，原来是沼泽大尾莺，我以前没有见过。这是一种在国内主要分布在西南地区的鸟类。

红梅花雀与栗额鵙鹛

3 月 23 日上午，我们决定到离勐阿管护站不远的勐翁村一带找鸟。其实这里已经不属于曼稿子保护区范围，但因为刘华杰教授在《勐海植物记》中多次提到这一带，因此特别想去看看。

途中经过一个村庄，发现空中有很多雨燕在飞。赶紧停下看，原来都是小白腰雨燕，有好几十只。它们就筑巢在屋檐下。小白腰雨燕的巢跟家燕、金腰燕的巢都不同，虽然巢体的构成物质差不多，主要是草茎、羽毛和泥土等混合物，但家燕、金腰燕通常都是“单门独户”，各营各巢，而小白腰雨燕们却喜欢建造“联体别墅”，挨家挨户紧紧相连，有时干脆是毛茸茸的一大堆挤在一块儿，只留一个个圆圆的小洞供鸟儿出入。

快到勐翁村的时候，在离村子不远的公路拐弯处，旁边有溪流和水塘，我觉得环境不错，就在山脚的空地上停车。刚走到水塘边，就惊飞了一只红色的鹭鸟，原来是不常见的栗苇鳽（音同“研”，一说读

小白腰雨燕

作“间”）。再抬头，只见水塘对面田野上空的绳子上停着白胸翡翠——这是一种翠鸟科的鸟，但相对于常入水捕鱼的普通翠鸟，它更喜欢停在旱地的上方，寻找蛙类、昆虫、蜥蜴等食物。我赶紧招呼女儿过来，让她用望远镜观赏这只鸟。

随后，我们沿着溪流走，来到一个相对空旷的地方，前面有一丛很高的草。一群小鸟在草丛中嬉闹。起初，我以为是一群白腰文鸟或斑文鸟，但用望远镜仔细一看，却不禁又惊又喜，居然是一群红梅花雀，共有十几只。这种鸟的雄鸟在繁殖期特别漂亮，远看几乎是一只全红的鸟，近看才会看到其深褐色的翅膀与白色点状斑。早就听说，红梅花雀在西双版纳景洪市的勐宋村特别容易拍，全国各地的鸟友都会特意赶去拍它们。不过，当时还是3月份，红梅

红梅花雀

凤头蜂鹰

花雀的雄鸟还没有换上华丽的婚羽，因此看上去跟雌鸟比较相似。

中午，我们在路边小店简单吃了点东西，然后又来到勐阿管护站。刚进院子，正和护林员聊天呢，偶尔抬头，忽然看到远处有一只鹰正飞过来。随手拿起相机，抬起来就是一阵高速连拍，原来那是一只路过的凤头蜂鹰——一种善于捕食蜜蜂等昆虫的猛禽。

我让女儿在院子里休息一下，然后独自到山里找鸟。在院墙外，我一眼看到，有只小型啄木鸟正攀着树干，直往上走。可惜，树林太密，还没等我对上焦，它就不见了。沿着小路继续走，先记录到了赤红山椒鸟。后来，突然见到一只跟山雀一样微小的鸟儿在枝头跳跃，马上拍了下来。在相机上回放图片，发现

栗额鵙鹛

这又是一种自己没见过的鸟。它的特征十分明显：身体大致是鲜黄色，眼睛大而有神，有明显的白色眼圈，而它的额头与喉部都是栗红色的。回去一翻书，马上确认，这是一只栗额鵙鹛的雄鸟。这种鸟主要分布于东南亚，在我国云南、广西的部分地区可以见到。

拍完栗额鵙鹛，下山来到谷底的一块开阔荒野，然后沿着山脚的道路一直前行，最后绕回到了勐阿管护站。沿路林木幽深，生态很好，还见到了一种白色的杜鹃花，可惜的是鸟儿不多——我觉得这可能跟季节有关，如果冬天来这里，鸟儿应该会多不少。

农田里的亚洲象

3 月 23 日拍鸟收获不错，但对于我和女儿来说，真正的“大戏”是在当日傍晚。

那天中午，我忽然接到冯主席的电话，他约我们傍晚离开曼稿子保护区，前往勐阿镇去看大象。听到这消息，航航激动地连声说：“太好了，太好了，这次来西双版纳太值了！”下午 4 点多，我们和冯主席一起，先到了勐阿镇的林业站，站里的负责人说，最近象群主要在离镇政府不远的嘎赛村委会城子村民小组（就是我当初拍钳嘴鹳的地方），以及曼迈村委会曼倒、扎别两个村民小组附近活动。

3 月底的勐海，午后最高气温已在 30 ℃之上。亚洲象也嫌热，白天休息，喜欢傍晚出来活动。因此，下午 5 点半多，我们才驱车来到扎别村民小组附近的一条地势相对较高的村道上。路边有村民站在三轮车上远眺着什么。

“大象出来啦！”不知是谁喊了一声。原来，在起码七八百米开外有一个较大的鱼塘，有大象在洗澡。由于距离实在太远，且它的大半个身子在水下，因此光凭肉眼都看不大清楚。我赶紧把望远镜递给女儿，然后手忙脚乱架好三脚架，装好相机与长焦镜头，一会儿拍视频，一会儿拍照片，忙得不亦乐乎。几分钟后，两头象一前一后上了岸，有趣的是，后面一头象非常淘气，竟然用长鼻子卷住了前面那头象的尾巴，两个家伙就这么缠绕着，又下到了甘蔗林中，不见了踪影。从体型大小来看，我觉得这是两头小象。

此时，身边聚集了越来越多的当地人，有老有少，有的还向我借望远镜看大象。忽然，又有人大声喊：“快看，水塘的右边！”哇，原来是象群的大部队出来了！好几头跟水塘边的房屋差不多高的母象，带着几头小象，一起下到了水中。女儿仔细数了，说共有 14 头大象。

通过镜头，我又看到了很多有趣的场景。有的小象似乎不大爱洗澡，在水中磨磨蹭蹭，于是母象就在后面用鼻子推它，貌似在催促孩子赶紧洗。很快，整个水塘里水花四溅，一片欢腾。在岸上，还有几头母象威严地站着。其中一头，走到电线杆旁边，一伸鼻子，就将一块写着“有电危险”字样的

亚洲象

铁牌给扯了下来。林业站的人说，象群最近一直“盘踞”在这一带，至于附近村民，则早已被疏散。

天色渐晚，冯主席说，他的朋友即嘎赛村的“大路支书”正催我们赶紧回去吃饭呢。我恋恋不舍地收拾器材准备走了，可航航怎么也不肯走，连声说：“让我再看一会儿，就一会儿！”说来也是神奇，当我们离开时，忽然听到远远传来一声巨大而低沉的象吼，仿佛深山虎啸，摄人心魄。这莫非是大象在跟我们告别？

有趣的是，当夕阳西下，我们告别亚洲象，准备去吃晚饭的时候，抬头看到，在暗红的天空中，有一群大鸟列队飞过。哈，原来是钳嘴鹳，老朋友又见面了！

这里再补充说几句。亚洲象是亚洲陆地上体型最大的野生哺乳动物。现在，亚洲象在国内主要生存于西双版纳及邻近地区，数量稀少，属于濒危物种，是国家一级保护野生动物。为了给大象更好的生存条件，缓解人象冲突，西双版纳的政府部门也在积极探索解决之道，包括建设亚洲象食源基地（俗称“大象食堂”）等。

3 月 24 日上午，我带着女儿，重走了一遍前一日自己走过的勐阿管护站附近的山路，拍到了一只鵟（音同“狂”）属猛禽，还有朱鹂、白腰文鸟及柳莺等鸟儿。下午，在曼稿子保护区的另一处山里，原计划是找白鹇（四有告诉我，那一带常有白鹇出没），但未能如愿，还差一点在深山里迷路。好在拍到了一只漂亮的山蓝仙鹟，倒也让人高兴。当日傍晚，在田野里拍到黑翅鸢吃老鼠后，这趟曼稿子保护区的观鸟之旅算是结束了。

作者在勐海进行鸟类调查 - 张可航 摄

2021 年 3 月 18 日补记：2021 年 3 月 17 日下午，刘应枚女士发给我一篇新闻报道，我看了十分激动。该报道说：西双版纳的记者跟随保护区科研所工作人员，在勐海县勐满镇境内追踪印度野牛踪迹，后于 3 月 16 日上午，在一片松林中拍到了印度野牛。据科研人员介绍，根据监测，这个区域的印度野牛种群有 20 多头。

这真的是一个振奋人心的好消息！跟亚洲象一样，印度野牛也属于国家一级保护野生动物。大象与野牛，这两种大型哺乳动物，可以说是当地野生动物中的旗舰物种。衷心希望，勐海的生态环境越来越好，能给这些珍稀动物更好的生存条件与发展空间。

美食之旅

曼稿子保护区大致走了一下，亚洲象也看到了，应该说此次鸟类调查的一半任务已经完成，收获不错。接下来的一半行程，我想先去勐遮、勐满两个镇走走，然后重返纳板河保护区。

勐遮镇，当地也叫勐遮坝子，地势平坦，多水库，是西双版纳的粮仓；而相邻的勐满镇以山区为主，境内最高峰的海拔在 2000 米以上，坝子面积较少。不同的地形，鸟种分布自然也会不一样。

不过这次出来，在观鸟的同时，也品尝到了很多野菜、野果等地方特色美食，这是我事先没有想到的。正如刘华杰教授在《勐海植物记》一书中所说："到一个地方旅行，最好品尝一下当地的野菜。不是为了'长肌肤、悦颜色'，而是为了独特的味道，也能体验一下当地人的生活。"

勐邦水库觅鸟踪

2021年3月25日一早，冯主席和我们一起出发，前往当地最大的水库，即勐遮镇的勐邦水库。快到的时候，看到山脚的农田里有很多牛背鹭，它们的“头发”已换成金黄的繁殖羽。在华东，牛背鹭是夏候鸟，每年春天从南方迁来，而在勐海，它们是四季可见的留鸟。

水库大坝旁有个小树林，里面鸟鸣声不断。我们下车找鸟，听到上面传来响亮的叫声，抬头循声找去，看到一只身体棕黄、翅膀上有显

勐邦水库的库尾，村民在水田里插秧

松鸦

著蓝色斑纹的鸟儿。我当时一愣，心想这不是松鸦吗？可又总觉得哪里不对劲。事后翻出图片一对比才看清楚，我在浙江拍到的松鸦，头顶全为棕色，且眼珠周围有一圈白色；而这里的松鸦，头顶至后脑勺为黑色，同时眼睛也为黑色。同一种鸟，分布在浙江的与云南的属于不同的亚种，故长相颇为不同，这种情况经常遇到。

车子缓缓驶过水库岸边的树林，碧蓝的水面在树木的缝隙中闪着光，很美。找了个地方停车，我们走到一块临水的平坦草地。两只灰头麦鸡突然飞起，连带着惊飞了一只白鹭。远处的水面上，几只小䴙䴘（音同“辟梯”）在悠然自得地游弋，不时下潜。不过，没有找到野鸭之类的水鸟，或许它们都已经迁徙到北方去了吧。我觉得应该在冬天再来这里看一看。

忽然，听到几声“丢，丢”的响亮鸟叫声，我想，这应该是青脚鹬啊！于是用望远镜仔细搜索，终于看到，在很远的浅水处，有只青脚鹬躲在草丛里。还没等我靠近，它就飞走了。

我们开车绕到水库的另一头。那里全是碧绿的秧田，一派静美的田园风光。“停一下！有只鹰！”冯主席喊了起来。原来，是一只红隼停在水田上空的电线上。

拍完红隼，顺便看看田里是否还有其他鸟。起初只看到牛背鹭，后来听到不远处传来一阵轻微的鸣叫声。仔细找了好一会儿，不禁哑然失笑，原来它就在附近的田埂上，是一只黄头鹡鸰的雄鸟！它正站在一堆草上独自歌唱。

我很高兴，因为这是我第一次见到这种鹡鸰。中国有分布的以鹡鸰为名的鸟共7种。此前，我拍到过白鹡鸰、灰鹡鸰、黄鹡鸰和山鹡鸰这4种，尚有西黄鹡鸰、黄头鹡鸰和日本鹡鸰未曾见过。在华东，黄头鹡鸰属于迁徙路过的旅鸟，很少见到。没想到，这次在勐海的田野里能够邂逅这种鸟。

冯主席带我们前往附近寨子吃饭。羞涩的灰胸山鷦莺在树丛里鸣唱。一只圆滚滚的灰褐色小鸟则大大方方站在电线上，随后又跳到一根光秃秃的枝条上，偏转着头，大眼睛注视着我们，似乎在上下打量着什么，对陌生人表示谨慎的欢迎。

这是一只白斑黑石䳭的雌鸟，跟麻雀差不多大。如果是雄鸟的话，这种鸟几乎通体为烟黑色，而翅膀上有明显白色条纹。跟更常见的黑喉石䳭一样，这种石䳭也喜欢站在比较突出的位置，以便于寻觅和飞捕昆虫。

吃午饭时，餐桌上有两种新鲜野菜，主人分别称之为野芹菜与水香菜，均需蘸着调料吃，清香可口。冯主席给我做了一个示范，只见他

黄头鹡鸰

水香菜

先把一棵水香菜扭了一下，如同打了一个结一般，这样就容易蘸到较多调料了。我笑了，说原来野菜蘸料还有“专业手法”，算是长见识了。

这里的野芹菜，是某一种水芹，具体我不认识。至于水香菜，据《勐海植物记》，其正式中文名乃是水香薷，属于唇形科的一种植物。

夜宿勐满山村

午饭后，我们离开勐邦水库，前往勐满镇方向。冯主席先带我们到当地一座海拔约 2 000 米的高山上找鸟，说实在的，鸟没见到多少，而且都是最常见的，不过居然意外见到多种野果，也算是有口福了。一种为蔷薇科悬钩子属野果，长满了靠近山顶的一块平地，阳光下果实累累，十分诱人。华东一带的悬钩子属植物的果实多数为红色，不过这里的却是黄色。冯主席说，当地人叫它“黄泡”。我们不顾多刺的枝条，小心翼翼地采了很多来吃，酸甜美味。回家后翻《勐海植物记》，得知它的名字叫栽秧泡。女儿很爱吃，我帮她摘了不少。

另外两种野果，其一是多依，状如小苹果，属于蔷薇科植物。当时果为青色，尚未成熟。2019 年 12 月我来勐海时，就在纳板河保护区的高山上吃到过这种野果。其二则是毛杨梅（当地人称为野杨梅），该植物为杨梅科的小乔木。虽为杨梅，但果实很小，呈椭圆形，与通常所见的圆形的杨梅迥然不同。那天在山上见到的果实颜色青黄，也没有成熟。好在我此前已在勐阿镇林业站吃到过。那天下午在林业站内，等着到傍晚去看亚洲象，工作人员拿出一盆野杨梅来请我们吃，其色紫红，味道酸甜，跟杨梅类似，但汁水较少。

栽秧泡

多依果　毛杨梅

晚饭是在冯主席一个朋友的家里吃的。当地人先把鲜肉用各种调料拌好，然后直接放在炭火上烤。那个香味啊，现在想起来都要流口水。

后来，夜宿勐混镇山里属于南达村委会的一个寨子，村里人端出两碗东西招待我们，一是野杨梅，二是野生土蜂的蜂蜜。后者看上去浑浊而多残渣，“卖相”不好，但味道奇佳，那种浓郁的香甜简直难以描述。村民告诉我，有一群土蜂就在他家门前的灌木里做窝。

3月26日清晨，太阳刚冒出山头，冯主席就约了村里人当向导，陪我到寨子周边找鸟。弯弯曲曲的土路两边都是甘蔗地，朝阳温暖而柔和的光线洒满了整个山坡。前方的苇秆上停着一只小鸟，背对着我们。它的头、背为黑色，双翅和尾巴是栗红色，最明显的特征是，它的头顶有几缕耸立的细长冠羽。没错，是凤头鹀的雄鸟！开心，又拍到一种我

凤头鹀

白喉红臀鹎

以前没有见到过的鸟！凤头鹀其实在中国南方广为分布，但我从未在宁波遇见过它。

我们走入一个小山沟。棕背伯劳在枯枝的顶端大叫，池鹭匆匆掠过，赤红山椒鸟在枝头跳跃……然后，我们在一棵开满花朵的白花洋紫荆树下停住了脚步。按照惯例，满树繁花总会吸引很多鸟儿。举起望远镜仔细观察，看到绣眼鸟在吸食花蜜，白喉红臀鹎也在枝头觅食。不过，很快，我们的目光都被一只小松鼠吸引了过去。哈，这又是一只明纹花松鼠！2019 年 12 月底，我在纳板河保护区内初次见到这种中国最小的松鼠，当时它在木棉的花朵中觅食。

然后我们就下山离开勐满，经勐遮回勐海县城。沿途在勐遮的鱼塘中见到很多白鹭。下午，我开车送冯主席回

勐海胡颓子

家，顺便在他家院子里小坐了一会儿。冯主席登梯到围墙之上，为我和女儿采了一大盆红彤彤的果子，说是羊奶果。我一看，简直惊呆了，从来没有见过如此大的胡颓子！我在宁波山里吃过胡颓子属的野果，大一点的蔓胡颓子，也就长约两厘米，可眼前的这种胡颓子，其大如枣，长度有三四厘米，表皮鲜红诱人，里面饱满多汁，特别鲜甜！当时就拍照发朋友圈“嘚瑟”，引得一大帮人在评论区口水直流。

这种羊奶果，其大名叫“勐海胡颓子”，是密花胡颓子的一个变种，当地野生的、栽培的均有。一天后，在纳板河保护区的山村里又见到了挂满了果实的羊奶果，心里还很奇怪为什么当地人不采来吃掉，竟留了那么多在枝条上。看来，我的嘴巴真的在勐海吃馋了。

从县城到纳板河

当晚，入住勐海县城的酒店。傍晚，我看天色很好，就让女儿自己在房间休息，独自出去到外面转转。一直以来，主要是在外面的乡野中找鸟，城区的鸟也该关注一下。

在勐海县一中对面有个小公园，我以前去过，感觉环境还不错，因此这次还是去那里看看。麻雀、八哥、柳莺、鹊鸲等常见小鸟有不少。值得一记的，有三种鸟。其一，是家八哥，当时它在架设高压电线的铁塔上活动，一开始嘴里还叼着两根枯枝，看样子正在营巢。八哥和家八哥都属于椋鸟科，前者几乎在半个中国有分布，而后者在国内只分布在西南一角。家八哥的眼睛周围，有鲜黄色的裸露皮肤，这是它的重要辨识特征。这是我第一次拍到家八哥。其二，是白鹡鸰。白鹡鸰有很

家八哥

白鹡鸰

多个亚种，这次见到的亚种显然与以往我所看到过的都截然不同——不同之处主要在于，它的头部、喉部、后颈和胸部的黑色特别浓重，就像裹了一条厚厚的黑围巾。当时，它待在红色砖墙的顶上休息，不时伸展一下翅膀。其三，是一只白斑黑石䳭的雄鸟（前几天在勐邦水库附近寨子刚见到了雌鸟）。

离开公园，又信步走到附近的曼袄村委会。那里有座气派的曼袄大殿，大殿前是两株高大的开满了红花的刺桐。红耳鹎、绣眼、柳莺等鸟儿在花丛中忙碌。旁边还有一株大树，附生于树干上的兜唇石斛也开得正好，这种兰花淡雅清丽，成串挂下来，看着很养眼。

3月27日上午，我们从县城出发，前往纳板河保护区。路挺远，快中午的时候，终于到达我曾经住过的过门山管理站。女儿早就听我说起过关于这里的猫猫狗狗的故事，因此早就准备好了火腿肠。刚在院子里下车，小黑和老灰两只狗就围了上来，它们显然都还认识我。特别是小黑，它摇头摆尾，特别亲热，让我感动。

我先到附近找鸟，等回到了院子里，一看，就乐了。原来，女儿搬了把椅子坐在中间，前面围坐着小黑、老灰，还有一只黑猫。三个小家伙都像听老师讲故事一样端端正正坐着，仰着头，望着航航。女儿笑

刺桐上的红耳鹎

逐颜开，掰开火腿肠，逐一分给它们，边给它们吃，边说：“乖，你们都很乖！”

27日下午与28日上午，我都在过门山管理站附近找鸟，这地方我熟门熟路，自然不大费力。我还带女儿去看了那棵“神树”。2019年12月来的时候，这棵绿黄葛树结满了果子，引来了很多鸟来“就餐”。而这次过来，树上只有鲜绿的新叶，果实没有了，鸟儿们也早就散了。

但纳板河保护区是不会让我失望的。这次来，见到了一批老朋友，如古铜色卷尾、红胸啄花鸟、朱鹂、树鹨、黄绿鹎、灰眼短脚鹎、黑短脚鹎、山蓝仙鹟、纯色山鹪莺、蓝喉拟啄

红胸啄花鸟

戴胜

木鸟等，也见到了几位原先没有在勐海境内遇见过的新朋友，如戴胜和三宝鸟。

戴胜现被归为犀鸟目戴胜科，此为鸟类的一个小科，仅戴胜一种，但遍布欧亚大陆及非洲。这是一种不会被错认的鸟儿。它的头顶有美丽的冠羽，不过，这冠羽通常向后贴伏在脑袋上。只有当情绪有点激动时，冠羽才会像扇子一般突然打开，让人十分惊艳。

三宝鸟之“三宝”，即佛教所说的“佛、法、僧”三宝，它属于佛法僧目佛法僧科，跟蜂虎、翠鸟等鸟类属于同一个目，但不是同一个科。

这次在纳板河保护区除了见到不少鸟儿，还拍到了三种附生在大树上的野生兰花，分别是鼓槌石斛、短棒石斛与小蓝万代兰。前面两种石斛在保护区里相当常见，在盘山公路上即可抬头看到一丛丛金黄色的花朵。小蓝万代兰则少见得多，若不是有一丛植株从高处的树干上掉下来（估计是当时比较干旱，其根部的吸附力比较弱，只要风一吹，就可能掉落），我都不会注意到它们。

3 月 28 日下午，结束第二次勐海鸟类调查之旅，返回宁波。

鼓槌石斛

短棒石斛

小蓝万代兰

魔幻森林：
版纳之巅探访记

不知何时，碎斑状的阳光悄然从森林的枝叶、地面上隐去，大团大团的白色云雾，宛如无形的庞大软体动物，侵入本已十分幽暗的林中。缠绕在大树之间的苍黑如巨蟒的老藤，在迷雾中若隐若现，越发显得诡异，连鸟儿也暂时停止了鸣唱。

我微微觉得害怕，停止了脚步，索性在一块满是青苔的石头上坐了下来。在这阒寂无人的高山原始森林中，一切还是小心为好。十几分钟后，云雾忽然散去，蓝天又从树冠旁边露出了一角。我嘘了一口气，起身下山。

那是2020年4月底，我再次到勐海，进行第三次鸟类调查，第一站是到勐宋乡。4月30日，我独自探访有着“西双版纳的屋脊”之称的滑竹梁子，去寻找勐海县高海拔地区的鸟类，结果差点在高山云雾中迷路。次日再攀登，才终于登顶。

专程前往“版纳屋脊”

滑竹梁子，是版纳之巅。先看一下数据：西双版纳州的首府景洪市的海拔为550米左右，勐海县城的海拔有近1200米，而位于勐海勐宋乡的西双版纳最高峰滑竹梁子的海拔有2429米。

这次到勐海，我的主要目的地之一就是滑竹梁子。因为，既然西双版纳最高峰在勐海，那么，怎么可以不去那里观鸟呢？鼎鼎大名的滑竹梁子，主要以茶闻名，而对我来说，那里神秘的原始森林显然更有吸引力。滑竹梁子之“滑竹”，指的是当地产的一种竹子；而“梁子”是山脊的意思，即山的高处。“梁子”与“坝子”相对，后者指的是山间的低地、局部平原。

4月29日上午，阵雨。先应邀在勐宋乡中学做了一场“勐海观鸟趣事”的讲座。讲完，站在中学操场上，陪我过来的冯主席指着西北边一座处在缥缈云雾中的巍峨高山，说：“看，这就是滑竹梁子！”当时，一想到自己明天就要置身于这座大山的最高处，就不禁有点激动。

午饭后，我先入住乡政府附近的一家小宾馆，海拔约1200米。打听清楚了，从乡政府出发，到滑竹梁子最高峰，通常是先开车到坝檬村，然后徒步进山。当天下午，雨后放晴，但只剩下半天了，我不可能有时间去登顶了，于是决定先去滑竹梁子山中另一侧的蚌冈村看

远眺滑竹梁子

看，去那里会途经蚌岗管护站（属于纳板河流域国家级自然保护区）附近的一片原始森林，想必环境很好。

车子拐入乡政府旁的一条盘山公路，一直上山，两边多为开垦过的农用地。我开得很慢，山路边随处可见成片开放的紫红色野花，远看倒像是宁波山里的映山红。下车细看，方知是一种野牡丹科的花。路边，还有好多美味的野果“黄泡”（即上回在勐满镇山上见过的蔷薇科悬钩子属的栽秧泡），我边拍照边摘来吃。金黄的蟛蜞菊贴地盛开，遍地都是。

继续前行，忽见一只蓝灰的鹰从车头前掠过，停在左侧的树枝上。我起先一直误以为是赤腹鹰，一种小型猛禽。当时想，在华东，赤腹鹰是夏候鸟，每年 4 月飞来繁殖，在西双版纳应该是留鸟，因此在 4 月底见到也很正常。过了大半年之后，我在网上读到一篇关于褐耳鹰的文章，心中忽有所动，马上找出这只“赤腹鹰”的照片，一看，果然不是赤腹鹰，而是褐耳鹰！两者长得确实有点像。

海拔不断升高，拐过一个路口，忽见不远处的山峰已处在云雾缭绕中。我想，莫非蚌岗管护站快到了？果然，几分钟后，我就到了位于原始森林入口处的管护站，此地海拔约 1800 米。过了管护站后，车子就在大森林中央的公路上穿行。数公里后，离开原始森林，到了蚌冈村，那里浓雾弥漫，几十米之外就啥也看不清了，更别说找鸟。于是返回，

褐耳鹰

一种魔芋

重新回到原始森林边缘时，听到路边有鸟鸣。停车一看，原来是一只灰林鹏的雄鸟，它在迷雾里忘情地歌唱，都没注意到我的存在。

幸好森林中的公路两侧雾气不是很浓。我找了块空地停好车，拿好器材，徒步沿公路寻找林中鸟类。路边，一株开花的魔芋吸引了我的注意。这种天南星科植物的花非常奇特，其花序外面有一片被称为“佛焰苞”的大型总苞片。可能是季节的缘故，鸟儿倒不是很多，让我开心的是拍到了一只在密林中跳跃的银耳相思鸟。这是一种非常漂亮的鸟，我以前未曾拍到过，可惜那天它被枝椏遮挡着，而且轻雾也影响了图片质量。后来，在下山时，又拍到了大鹰鹃（一种长得像鹰的杜鹃）、黑喉石䳭等鸟类，听到了沼泽大尾莺的响亮叫声，但没有找到鸟。

迷失于海拔2200米处

次日凌晨，大雨哗哗响。早上起来时，雨虽停了，但宾馆外面的小山全笼罩在云雾中。我有点失望，心想高山上的雾气肯定很浓。于是先去附近村庄转转，运气不错，拍到了以前没见过的灰背伯劳。它边大声叫嚷，边转动着长长的尾巴，带有示威的意味。这伯劳长得挺像华东常见的棕背伯劳，所不同的是其头顶到背部均为灰色。田野里传来白胸苦恶鸟的叫声："苦恶！苦恶！"但没见到鸟。

灰背伯劳

坝檬村

上午 9 点多，太阳努力从云雾中露出了圆脸。眼看雾气逐渐消散，我决定马上驱车前往坝檬村。沿途见到云海中的山峰与村寨，实在是美不胜收，于是又忍不住多次停车拍照。快到时，见到路边竖着块牌子，上面写着“西双版纳生物多样性保护廊道”字样。

到达海拔约 1700 米的坝檬村，已是 10 点半。刚停好车，就见到空中有只凤头蜂鹰滑翔而过。看到路边有家卖米线的小店，心想不如当中午饭先吃点再上山。经营这家小店的是一对年轻夫妻，他们很好奇地问我：“你是到这儿来玩，还是找茶叶的？”当听说我是从浙江宁波专门来这里观鸟的，男主人先是很吃惊，继而说：“那你算是找对地方了！我们这里鸟很多，什么鸟都有！”他还说，以前当地人常用猎枪打鸟，

白喉红臀鹎

像“黑头公”（指白喉红臀鹎之类头部黑色的常见小鸟）等鸟儿见到人就跑，很难接近，近些年严禁打鸟了，鸟儿多了，也不怎么怕人了！

我向他打听，到滑竹梁子最高点的路线该怎么走。他又打量了我一眼，有点不相信地问：“就你一个人？”我说是的。他摇摇头，说这个有点危险，“森林里太黑了，里面的路很窄，很容易迷路，我都觉得害怕，不敢一个人走。”不过他还是跟我大致讲了一下路线：先沿着村后的一条路往山里走，这条路相对比较宽，可以骑摩托车，只要沿着车辙印走就可以了。一个多小时后，会到达一座佛塔，此后的道路就不能骑摩托车了，然后再沿森林中的小路上山就可以了。“不过这小路可不好走，我有一次先骑摩托车到佛塔，再走到山顶，下山后的第二天小腿还酸疼着呢！”他补充说。

我本想出钱请他骑摩托车带我到佛塔位置，好让自己省点力气，但他连连摇头，说最近多雨，路面湿滑，不少路段还比较陡，且多弯，没法带人上去。

于是，我只好背着沉重的摄影包，带着水与少量干粮，独自进山了。没走几步，忽然望见远处的坝子中有很多城市建筑。村民说：这就是勐海县城啊！

身边的枯树上传来一阵尖锐、急促的鸟叫声：“决意！决意！”原来是一只情绪亢奋的栗臀䴓在大叫，边叫边转动身体。接下来就是进入密林中的道路，中途多岔路，我始终沿着摩托车的车辙印走。可能是刚下过大雨的缘故吧，路面上有好多大蚯蚓在蠕动，这些蚯蚓真的又大又长，简直就像小黄鳝！

路边的树林中，不时传来成群结队的云南雀鹛的吵闹声，红头长尾山雀的幼鸟和柳莺们混在一起，叽叽喳喳，也很热闹。沿途又见到好几只栗臀䴓，没想到这种在别处难得一见的鸟在滑竹梁子居然这么容易

从滑竹梁子远眺勐海县城

看到。栗臀鳾有着强健的爪子，善于在树干上攀爬行走，边走边在树皮裂缝、苔藓中寻找虫子。我拍到一只栗臀鳾居然抓到了一只蝉。

高山上的气温比较低，我估计不到 20℃。我穿着薄外套，走一段路就出汗，但坐下来休息一会儿就觉得太凉，得拉上外套的拉链。经过了一片茶树林之后，就到了建在一块巨石上的金色佛塔。那里的海拔约 2000 米。在佛塔附近的树上，见到两只红胸啄花鸟的雄鸟飞鸣而过，正为没有抓拍到它们而懊恼时，忽见不远处有只漂亮的小鸟在长满苔藓的树干上跳跃。拍下来一看，它有着高耸的冠羽、洁白的喉部，还有鲜黄的后颈，原来是一只黄颈凤鹛！很开心。

过了佛塔，有条不到百米的路，走到底左拐，眼前豁然开朗，居然是一块面积较大的空地，显然是人工开辟出来的。然后我就糊涂了：

栗臀鳾捕食

黄颈凤鹛

接下来该怎么走？先往左边走了约200米，但一进入树林，便找不到任何小路的痕迹了，只好退出。左顾右看，发现还有一条不起眼的小路直往山顶方向，心想肯定是这条路了。于是就往上走，但这条路非常难走，我几次打滑，几乎摔倒。路越来越不像路，有的地方需要手脚并用。忽见一旁停着一只金色带黑纹的“蜂”， 它那半透明的翅膀颜色很艳丽，具眼斑状花纹。

某种拟态蜂类的透翅蛾

再往上，小路彻底消失，身边只有密林，不远处传来小溪的潺潺流水声。我坐在一根倒伏的树干上休息了一会儿，最终决定继续往上爬。因为，根据我的户外多功能手表显示，那个地方的海拔已接近2200米，照理说离山脊线或山顶已经不远。但由于几年前我曾经在宁波的山林中迷过路，因此我还是很小心，边走边留意标志物。密林中有棵布满绿苔的大树，其最粗的主干在离地约一米高的地方早已折断，但一旁又有树干往上生长，因此看上去像是一把古老的座椅。我在心里默默称它为森林中的“精灵宝座”，回程时只要找到这个“宝座”，就能找到下山的小路。

滑竹梁子的溪流

粪金龟

踩着厚厚的落叶继续走，惊奇地见到脚下居然有一坨牛粪，心想：这么荒凉的地方怎么会有牛？再仔细看，有只暗蓝的带金属光泽的屎壳郎趴在牛粪上。被我惊动后，它匆忙逃走，我用手指碰了它一下，谁知这家伙就接连发出既惊恐又愤怒的“噗噗”声，好像在连续放屁一样，我忍不住独自笑出了声。

不过，回宁波后请教了李元胜老师等熟悉昆虫的人士才知道，上述的“蜂”不是蜂，而是一只拟态蜂类的透翅蛾。那位善于“放屁”的“屎壳郎”也并非屎壳郎（即蜣螂），而是长得有点相似的某种粪金龟。只能说，大自然实在太神奇！

且说，那天又往前走了几百米，越走心中越没底。高山上天气变幻莫测，明明几分钟前还是晴天，眨眼就是云遮雾罩，小雨淅淅沥沥飘落，没过一会儿又是云收雨散，阳光重临。

原始森林中的老藤

被我称为“精灵宝座”的树

偶尔一转身，发现身边全是一模一样的树木与老藤，连刚刚走过的路线也搞不清楚了！这下真的有点心慌了。赶紧往回走，小心翼翼试探了几回，终于循着小溪的声音，回到了那个“精灵宝座”所在的位置，这才放下心来。

这时，远处传来清晰的“布谷，布谷”的声音，我觉得奇怪，这地方怎么也有布谷鸟（即大杜鹃）的叫声？另外，我还听到了类似某种角蟾的响亮叫声。

登顶后的“失落”与惊喜

那天仓皇下山，回到坝檬村，已是下午 4 点半，疲劳不堪，一度犹豫是否次日再来爬一次山。转眼又想，既然大老远从宁波来到这里，岂能铩羽而归？于是决定向村民仔细打听登顶路线，一位大哥热情接待了我，邀请我到楼上喝茶。听我讲完在森林中迷路的事，他哈哈大笑，说：“你一个外地人，单独进山，胆子是大了一点，爬滑竹梁子，最好结伴而行。”然后，他为我认真画了张路线图，重点是过了佛塔以后该怎么走。我看明白了，但心中还是充满了疑惑，一切谜团只能等第二天在现场解开。

回到宾馆附近，在小店吃晚饭时，突然电闪雷鸣，暴雨如注。心中暗暗感到庆幸：如果下午真的在原始森林中迷路了，下不了山，那后果可就真的不堪设想。

5 月 1 日早上，天气阴沉。我慢慢开车上山，沿途找鸟。路边电线上见到三只火斑鸠，两雄一雌。另有一只鸟在附近树冠里“呼哦，呼哦”地叫，但始终找不到。

火斑鸠（左雄右雌）

沼泽大尾莺

右拐到大安村方向看看，那里有小块的水田。田野上空又传来了沼泽大尾莺音调上扬的尖锐叫声：“居……啾啾啾啾！居……啾啾啾啾！”这次我很快看到它了，原来它就在电线上！有趣的是，它在那里表演着一种奇怪的“舞蹈”，即拼命单边振翅，先急速扇动右翅，稍后转个身，改为扇动左翅，我以前从未见过这样的鸟类行为。

在大安村里，见到一只“红头发”的山麻雀雄鸟。山麻雀在浙江常见，生活在海拔相对较高的山区，但我来勐海多次，还是第一次见到它。

等到云雾散去，天气放晴，我再次来到坝檬村时，已是 11 点多。随即上山，沿途见到一只蓝喉拟啄木鸟。过了佛塔，我按照那位大哥的指示，没有像昨天那样顺着路面左拐，而是真的如手绘图所示在右侧找到了一条极不起眼的小路！顺着这条略微有点陡的小路一直上山，马上就进入了一个苔藓的王国。诚如刘华杰老师在《勐海植物记》中所说："随着海拔的增高，几乎所有树干上都生有苔藓类植物，古茶树的枝干上也挂满了藓。"书中列举了常见的种类，涉及9科12属的苔藓。因此，刘老师说："滑竹梁子是我知道的勐海境内苔藓最发达的地区。"大树、老藤、苔藓、落叶，还有鸟鸣、蝉鸣，乃至蛙鸣（溪边有角蟾的叫声）……在这片原始森林中构成了一个幽暗而神秘的世界。不过，鸟叫声虽多，但在密林中很难找到鸟的踪影，更别说拍到了。

钻出树林，到了山脊线上，又豁然开朗，原来那里也有一块空地。以空地为原点，又出现了岔路，于是按照图示，沿左边的小路走，再次进入"上不见天，下不见地"（这是冯主席的话，所谓"上不见天"自然是指大树遮天蔽日，而"下不见地"是指落叶很厚，看不到泥地）的茫茫森林。但这片森林真的很美很美，美得别致而神秘，就像童话世

森林中挂下来的苔藓

在滑竹梁子半山腰远眺村寨与群山

界里会出现神巫的那种森林，如果不是时间有限，我愿意在林子里漫无目的地徜徉一整天。

终于，在手足并用爬过一段陡峭的路之后，我成功来到了西双版纳之巅。但那一刻，心中稍稍有点失落。因为，原以为，在那里可以登高远望，环顾四方，“一览众山小”，谁知这滑竹梁子的最高点还是处在树林中，只不过那里有一小块林中空地，空地中央有一块半圆形的大石头及若干较小的石头，颇有宗教仪式感的一个地方。我坐下来休息，有点奇怪的是附近地面上蜂飞蝶舞，热闹得很。

不久，原路返回。没走多远，偶回头，不禁“啊”的一声，我惊呼了起来：旁边的大树上，竟然开满了洁白的兰花！一丛又一丛，充满仙气的野兰附生在古老的树干上，仿佛林中

滑竹梁子最高点的大石头

一种贝母兰

的小仙女。我痴痴地望着它们，它们好奇地望着我，虽说相对无言，但我心中充满了感动。

我举起长焦镜头，从各个角度拍了很久，自认为这是此次来滑竹梁子最大的收获，是老天对我的厚爱。回宁波后，仔细翻书，觉得这是眼斑贝母兰。不过，我的两位熟悉植物的朋友不同意，一个认为更像是卵叶贝母兰，另一个则肯定地说是密茎贝母兰。

拍完兰花，继续下山，见到一只黄肚皮的极小的鸟在不远处的树干上跳跃，发出“唧、唧”的叫声。好不容易拍到了它灵动的身影，忍不住低头检视一下相机屏幕，发现这小家伙还戴着黑色的“眼罩”，并有显著的黄眉纹，表情看上去非常逗。再抬头，忽然见到它又跳了出来，而且有一瞬间，尾羽居然像扇子一样突然打开了，然后飞走了。我又是吃惊又是后悔，这应该是一种扇尾鹟，可惜刚才没拍到尾羽展开的样子。后来确认，这是一只黄腹扇尾鹟，在国内主要分布于西南地区较高海拔的森林中。

回到坝檬村，又记录了斑腰燕和小白腰雨燕。

黄腹扇尾鹟

5月2日上午，在离开滑竹梁子这座大山之前，依依不舍地去蚌冈村方向走了一圈，没见到特别的鸟，但幸运的是，又拍到了一种附生在很高的大树上的兰花——球花石斛。

球花石斛

丰美之地：
初访“西双版纳粮仓”

在勐海境内，有西双版纳最高峰滑竹梁子，也分布着素有“西双版纳粮仓”之称的勐遮坝子与勐混坝子。“坝子”一词，在中国西南地区常可听到，意为山间的较大面积的平地。

2020 年 5 月 2 日下午，我离开勐宋乡的滑竹梁子，经勐海县城，往勐遮镇驶去。勐遮坝子是西双版纳州面积最大的坝子，广泛种植水稻，而相邻的勐混坝子也是一样富饶美丽。县里的冯主席告诉我，只要这勐遮与勐混的稻子丰收，那么整个西双版纳州的粮食就够吃了。

勐遮田野里的鹭鸟

勐遮坝子遇“鹳河”

那天下午 3 点多，离开县城没多久，就进入了勐遮镇范围，公路两边全是平整的田地。我开得很慢，而且没有明确的目的地，只要看到合适的环境，就停下来寻找水田里的鸟类。快到著名的景真八角亭（全国重点文物保护单位）时，忽见右边水田里有很多鹭鸟，还有不少钳嘴鹳。赶紧就近停车，拿了器材就走过去。田里的水很浅，碧蓝的天空与朵朵白云倒映其中，很美。白鹭、牛背鹭、钳嘴鹳们都在分散觅食。见我走近，那些胆小的鹭鸟纷纷飞远了，这本来没什么，但没想到它们的逃离引得原本并不怕人的钳嘴鹳也起飞了。

一只又一只巨大的鹳鸟掠过头顶，缓缓振翅，盘旋而上，越升越高。奇怪的是，原本这田里只有二三十只钳嘴鹳，但当它们飞到高空之后，

群飞的钳嘴鹳

不知从哪儿又飞来好多钳嘴鹳,于是至少有一两百只钳嘴鹳在飞。仰头看着这么多大鸟在天空御风而舞，心里十分激动。以前，常听资深鸟友说无数迁徙的猛禽在高空飞翔,会出现难得一见的“鹰柱”（成群盘旋而上）、“鹰瀑”（成群飞下来）、“鹰河”（成群滑翔而去）等壮观景象，从未见过这些的我不禁悠然神往。没想到，如今我竟有幸见到了“鹳柱”“鹳河”！这是我第三次见到钳嘴鹳，上两次见到都是在勐阿镇。

继续前行，路过一片荷塘，当时荷叶初生，水面上的动静可一览无余。很奇怪这样的荷塘中居然找不到黑水鸡、白胸苦恶鸟之类的常见水鸟。一抬头，惊奇地见到一只黑翅鸢停在荷塘上空的电线上，它低着头，聚精会神地注视着水面。它企图捕食什么？我有点搞不懂，照理说水中的小动物并不在它的菜单上。它很警觉，很快发现了我，马上就飞走了。

附近的电线上，停着一只头部偏红的伯劳。乍一看以为是牛头伯劳，可除了红色的头顶，其他特征都不像。奇怪，这是一种什么伯劳呢？回宁波后，请教了鸟友“七星剑”才确认，它是红尾伯劳。但这个亚种的红尾伯劳我以前没有见过。在华东，红尾伯劳是常见候鸟，我以前拍到过的两个亚种分别为灰头与褐头，未见过红头的。

车子在田间道路上缓缓穿行，经过了一个又一个村寨，记录了不少常见鸟类，还差点开到了西定乡境内。于

红尾伯劳

是掉头往勐遮镇镇区方向走。一只翅尖黑色的鸟掠过车头，飞落到左边的田野里。好像是灰头麦鸡！赶紧用望远镜一扫，果然见到三只灰头麦鸡。它们的保护色不错，不仔细看还真发现不了。

灰头麦鸡

山顶的风力发电机组

曼瓦瀑布的野兰与小鸟

傍晚，来到勐遮镇上，看天色还早，就到镇西看风景。勐遮坝子外围都是山，落日的余晖照在远处高山顶上的风车（风力发电机组）上，有一种神秘的美感。

准备发动汽车回去吃晚饭时，意外的事情发生了。这辆租来的可以一键启动的车子居然怎么也点不着火了！难道是电瓶坏了造成无法启动？我想这不可能啊，这可是一辆行驶里程不到3000公里的新车啊。无奈之下，环顾四周，幸好百米外就有汽修店！赶紧跑去叫来修车师傅。一查，还真是电瓶的问题。于是师傅请他的朋友弄来新电瓶，等换好，重新启动，已经是晚上8点半了。又累又饿，赶紧去吃饭。

5月3日早上，一走出旅馆，就见到一大群小白腰雨燕尖叫着掠过对面的楼顶。我原计划继续在附近田野中转悠找鸟，谁知，当我坐进车中，踩下刹车，按下启动键时，令人哭笑不得的事情又发生了：居然还是无法点火！

赶紧打电话给昨晚的修车师傅，他也觉得不可思议。于是，他又带我找地方换电瓶，折腾了半天，总算搞定。然而，此时已快11点，我也没心思去田野里转了，寻思不如去附近的曼瓦瀑布找找鸟。

曼瓦瀑布是当地有名景点，位于勐遮镇西边的曼洪村曼瓦村民小组。2019年4月，我来参加勐海自然与文化论坛时，曾跟着大家一起来参观过，当时拍到了黄颊山雀。此番故地重游，心里还惦记着2019年在瀑布入口处的大树上见到的兰花。因此，一到那里，就赶紧抬头寻找，果然见到一种，附生在离地不高的树杈上。可惜花期已到末尾，较大的一丛已开始萎谢，而较小的一丛还盛开着两朵花。花瓣洁白，先端为紫红色，十分艳丽。事后请教朋友周佳俊，得知这是杯鞘石斛。2019 年 4 月在附近大树上拍到的一种开黄花的石斛，则是小黄花石斛。勐海就是这么神奇，稍微留意一下，就能见到各种稀奇的兰科植物。

拾级上山，见瀑布的水量并不大，估计跟旱季降水较少有关。“居，居……”一阵音调很高的鸟叫声，透过瀑布喧闹的水声，清晰地传了过来。这有点像红尾水鸲的鸣叫，但又不是很像。稍微等了一会儿，只见

杯鞘石斛

曼瓦瀑布

小黄花石斛

一只身体黑红色、头顶白色的小鸟从水雾中跳了出来，在湍急的水流旁的石壁上，灵巧地跳来跳去找吃的，果然是白顶溪鸲！这种鸟在中国西部地区的山区溪流中常见，在华东地区则分布较少。在宁波，迄今只有一笔记录。

小山不高，没走多久，就到了最高处的那一级瀑布，其落差约 20 米。飞泻而下的水流被岩石的棱角扯碎，在正午的阳光下扬起轻纱一般的雾气。我在石上坐了一会儿，顿觉遍体生凉，十分舒适。偶然注意到对面石壁凹陷处有

白顶溪鸲

一种报春花

野花，过去一看，是一种报春花科的野花，粉紫色的，清秀可人。

下山途中，眼睛的余光瞥见一只小兽迅捷地跳过溪畔，消失在灌木丛里。我马上停住脚步，凝神在灌木中寻找。果然，看到它静静地伏在茂密的枝条之下。它有一个毛茸茸的大尾巴，体色以黄、黑、褐为主，背部毛色较深，体侧有黄黑相间的条纹。很快，它钻到了大石头的后面，再也不见了踪影。我回宁波后翻了《中国兽类图鉴》，也不能确认它是哪一种松鼠，只能说略似线松鼠。

松鼠消失的地方，有两只活泼的小鸟边飞边鸣，“唧唧，唧唧”，其声甜美而轻快。看得出来，这应该是快乐幸福的一对儿。它们不停地追逐嬉闹，终于有一个瞬间，

方尾鹟

居然同时停歇在我眼前的树枝上。看得清清楚楚，是一对方尾鹟（音同“翁”）。我以前没有拍到过这种鸟。

它们羽色相近，只不过其中一只羽色稍深罢了，因此难辨雌雄。小家伙并不怕人，在我面前大大方方地“抓耳挠腮”，梳理羽毛。方尾鹟身体亮黄，头部灰色，还有一双乌溜溜的大眼睛，属于不会认错的小鸟。跟其他的鹟一样，方尾鹟具有宽大的嘴基（张开嘴时，几成等边三角形），善于在飞行中捕食昆虫。方尾鹟在华东难得一见，属于匆匆路过的候鸟，而在云南，它们是留鸟。

勐混坝子：钳嘴鹳的“食堂”

离开曼瓦瀑布，回到勐遮镇上时已是下午 3 点多，肚中甚饿。在街边尝了一碗风味极为独特的“泰国凉拌”，然后直奔勐遮镇另一个以风景优美出名的地方——勐邦水库，当地人称“天鹅湖”。转了一圈，只见到小鸊鷉、棕背伯劳、白鹡鸰、白喉红臀鹎等常见鸟，估计在冬季这里的越冬水鸟会多一些。阵雨过后，阳光从云隙射出，照在湖畔黄绿相间的秧田上，美得像一卷染过的画布。

白喉红臀鹎

大杜鹃

此时手机响了，冯主席约我晚上去他亲戚家的山庄住，顺便去那里看鸟。离开水库，在山脚的田野的路边，忽见一只大杜鹃（即布谷鸟）停在眼前的电线上。我从来没有这么近距离见到过这样的大杜鹃！它翩然起飞，还好又停在不远处。我赶紧停车，将它“收”入镜中。

接上冯主席后，我们一起来到格朗和哈尼族乡和勐混镇交界处的山里，经阿鲁老寨、阿鲁新寨，来到山脊线上。停车远望，山的南边就是大片的田野，这便是勐混坝子。空中有两只猛禽在盘旋，可惜飞得很高，拍下来后，只能大致认出是凤头蜂鹰和燕隼。当晚住在山庄里，晚饭时又吃到两种以前没吃过的美食。其一，是把鸡架子剁得很碎，然

燕隼

后拌以辣椒、蒜等制成调料；其二，名为苦笋，是山上的一种野笋，味苦，但蘸着调料吃味道绝佳。山庄的庭院里有块巨石，从侧面看颇像大象。傍晚时分听到下面的森林中传来红原鸡雄鸟的响亮叫声，可惜找不到它。

5 月 4 日，日出时分，我和冯主席就起床了，再次驱车来到山脊线上。俯看南边，只见大半个勐混坝子都笼罩在洁白的云雾中，村寨、

剁碎后的鸡架子调料

苦笋及调料

勐混坝子中的村寨

勐遮坝子的秧田

水田、道路，若隐若现，简直分不清这是天上还是人间。上午，山庄主人开车带我们去勐混坝子走了一圈，当时我就看到了不少钳嘴鹳。当日下午，我独自去那里的秧田拍鸟。上百只钳嘴鹳成小群分散在各处觅食，主要寻找田螺。劳作的村民来来往往，有时离钳嘴鹳不到十米远，它们也依旧不慌不忙地只管自己找东西吃。看来，这些大鸟已经把当地人的粮仓也当作了自己的“食堂”。

傍晚，几十只钳嘴鹳在一座佛寺附近的田埂上站立休息，排列得相当整齐。除非有一只飞来的钳嘴鹳想要“插队”挤进来，它们彼此之间一般不会发生冲突。水田上空，有数以千计的黄蜻在飞，密度之高令人惊讶。有一只钳嘴鹳，迎着逐渐西落的太阳，尽力张开了翅膀，维持这个姿势几乎一动不动达数分钟。以前，我常见到善于潜水的鸬鹚有这种晾翅行为，没想到钳嘴鹳也会这么做。

当天傍晚，我驱车前往布朗山乡。5日上午，在布朗山的原始森林中拍鸟（详见后面《再上布朗山》一文），算是探个路，计划以后再来。

下午，在结束此次勐海鸟类调查、返回景洪市区之前，又顺道拐到勐混坝子去拍钳嘴鹳，算是跟这些老朋友暂时告个别。相信下次我们还会再见面的。

钳嘴鹳

多彩的勐往河谷

“日暮乡关何处是？烟波江上使人愁。”曾无数次诵读过唐代诗人崔颢的七言律诗《黄鹤楼》，但第一次，诗中的名句在眼前的实景面前“跳”了出来——那天，在唰唰的雨声中，我站在澜沧江畔的野谷塘码头，望着水雾缥缈的江面和笼着轻纱一般的青山，目送轮船逐渐远去，心中不由得升起了一阵惆怅的情绪。

野谷塘，是隶属于勐海县勐往乡灰塘村委会的一个村民小组。2020 年 6 月 20 日起，我在勐往乡开始第四次鸟类调查，重点是关于澜沧江河谷地带的鸟类。这次调查，我妻子跟我一起来了，因为她对勐海很好奇。

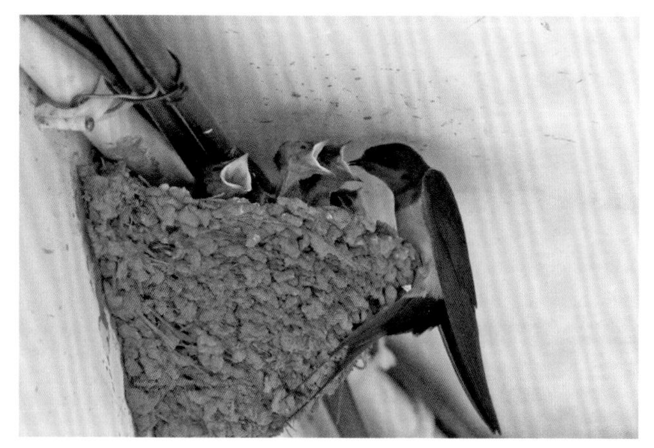

家燕育雏

听说亚洲象来到了勐往

6 月 20 日上午，我们在景洪嘎洒机场附近租了一辆车，然后前往勐往。导航推荐的路线是经勐海县城、勐阿镇，再进入勐往。这条路线的好处是全是大路，缺点是要绕一大圈。我没有选择此方案，而是选择走小路，即经过纳板河保护区，过南果河，然后抵达勐往乡乡政府所在地。这条路线，跟当初刘华杰教授考察勐往植物时的自驾路线是一样的（见《勐海植物记》）。我跟刘老师的想法是一样的，即走山区小路，沿途可以走走停停，多观察一些动植物。

途经纳板河保护区过门山管理站时，我们临时停车，到站里和老朋友们（包括护林员们和小黑、老灰两只狗）打了声招呼。屋檐下，家燕正忙着育雏。然后便继续前往勐往乡。途中在山路上竟见到一只被撞死的巨松鼠，十分难过。

勐往乡位于勐海的最北部，其东边隔着澜沧江与景洪市相望，西

奔流汇入澜沧江的勐往河

雨季的澜沧江

和北则和普洱市接壤。境内有两条主要河流，即南果河与勐往河，均流入澜沧江。2019年12月在纳板河保护区考察时，我已经到过处于下游的南果河电站。此次经过上游的南果河桥，发现虽然处于雨季，但河中的水流很小，为浑浊的黄色泥沙水，但见白石累累，遍布河谷。用望远镜看了一遍，未见红尾水鸲之类的鸟类。

到达勐往乡时，已经快下午1点。副乡长何方超先生请我们过去，和他的同事们一起吃饭。何先生提醒我们，傍晚时分，最好不要到偏僻的地方，不为别的，就是因为最近有一群野生亚洲象在附近乡野中活动，而傍晚与入夜之后，正是象群的活动高峰期，万一和它们狭路相逢，那可十分危险。在勐海，此前已经多次发生人象冲突导致人员伤亡的惨痛事件。

仔细一问，方知这群亚洲象是从相邻的勐阿镇过来的，共14头。原来，它们是我们见过的老朋友。2020年3月下旬，我到勐海进行鸟类调查时，这14头野象刚好在勐阿镇的田野里，它们是由多头母象带着若干小象组成的群体。每天傍晚，它们都会到一个大鱼塘中洗澡，这才给了我们远远观察与拍摄的机会。论体型，亚洲象是亚洲的第一巨兽，一旦将其惹怒，后果极其可怕。当时，我隔了数百米拍摄正在嬉水的它们，冯主席还在一旁专门为我“放哨”，唯恐有一头野象突然钻出甘蔗地，向我们冲来。

当天下午，我们在旅馆里略事休息后，就到附近看看地形，顺便找鸟。勐往乡以山区为主，而乡政府附近算是面积较大的坝子，坝子中种了不少水稻。这里的天空极为通透，灰黑的雨云在远处的山顶聚集，清凉的阵风在碧绿的秧田上空回荡，让人忍不住要张开双臂，仰头大口呼吸清新的空气。在田野里，见到了家八哥、白斑黑石䳭、白

白斑黑石䳭（雌）

鹊鸲（雄）

鹡鸰、家燕、鹊鸲等常见鸟类。

夕阳西下的时候，我们来到通往灰塘村的三岔路口，见到路边竖着一块醒目的牌子，上面写着两行大字："前方有野象出没，请提高警惕。"

不巧的是，由于当地在进行电力施工，因此要停电两三天。晚上摸黑住在旅馆里，一开始觉得很闷热，后来外面下起了倾盆大雨，才慢慢变得凉快起来。当地的海拔约 800 米，在勐海算是比较低的，因此气温也偏高一点。

赶集之后寻飞鸟

此次出发到勐海之前，朋友就告诉我，到了勐往，千万不要错过当地的周日集市。原来，勐往乡有周日赶集的传统，乡政府前面的那条马路在周一到周六是不允许摆地摊的，但周日可以。

6 月 21 日正是周日。当天清晨 6 点多，我还在想，昨晚雨这么大，这集市还会有吗？谁知，早上 7 点，我和妻子一出门，就见到长长的街上全是各式各样的摊位：卖蔬菜、水果的，直接就是摆地摊；卖衣服、日用品的，则搭了简易棚。置身于熙熙攘攘的街市，我仿佛“穿越”到了二十世纪八九十年代的老家小镇集市，真的太亲切了。

虽然热闹是一样的，但和杭嘉湖平原的家乡的集市相比，勐往的集市更“好看”，简直就是一次色彩的盛宴。作为一名摄影师，我不由得想起了某大牌相机厂商的一句著名广告语：“你好，色彩。”真的，且不说五彩缤纷的各种热带水果与蔬菜（包括野菜），如芒果、百香果、香蕉、薄荷、鱼腥草、野芭蕉花等，让人眼花缭乱；也不说各种香料、调味料（我根本叫不出它们的名字！）是多么好看，乃至于一碗加了调

勐往乡周日集市

料的米线都看上去那么诱人；就连从各村各寨赶过来摆摊或买东西的村民，每个人穿的民族服装都那么鲜艳。这种服饰之美和整条街上的蔬果、器物的色彩又很搭，再加上人们脸上的笑容，一切看上去都是如此协调，如此自然而美好。

说完了好看的，再说好吃的，这里的热带水果绝对是“好吃便宜量又足”。那天，妻子买了 5 元钱的百香果，结果拎过来一大袋，我也不知道有多少斤，反正我们是吃了两三天才吃完。

所以，在这里忍不住提醒大家，如果有机会去西双版纳，最好不要错过这样的集市（哪怕是日常的路边早市也同样值得一逛）。在这样活色生香的街市里，最能深切感受到一个地方特有的人间烟火气。

逛完集市，顺便吃了早餐，我们就驱车一路往东，沿着勐往河畔的公路，前往灰塘村。刚经过那个三岔路口，就见到左边约 30 米外的电线上停着两只白胸翡翠。这种翠鸟科的鸟类有着粗而厚的红色大嘴，

白胸翡翠

褐翅鸦鹃

喜欢捕食蛙类、蜥蜴、大型昆虫等在田野里活动的小动物。可惜，它们机警得很，我刚停好车，还没拿起镜头，就已经不见了踪影。一两天后，再次经过这里，又见到了它们。

勐往河的水量，比南果河大得多，不过可能跟大雨冲刷有关，河水也是典型的“泥沙黄”。河面上多简易吊桥，供当地村民往返劳作。

夏季可以见到的鸟类明显少于其他季节，因此常被鸟友称为“鸟荒”时节，这一现象在西双版纳似乎也不例外。我们驱车在勐往河谷中缓缓前行，觉得这地方的原生态环境相当好，但鸟儿并不多。沿路所见到最多的鸟是褐翅鸦鹃，它们有的在田野里漫步觅食，有的停在小树的顶部。一只褐翅鸦鹃在树冠上扑腾着翅膀，同时大声鸣叫，似在求偶。

白腰文鸟

三宝鸟

几只红耳鹎、白喉红臀鹎在电线上鸣叫，一群白腰文鸟在灌木丛里啄食草籽。忽然见到一只蓝绿色的三宝鸟，它静静地停歇在高大乔木的一根横枝上，淡雅美丽如一幅画。

一般情况下，从乡政府开车到野谷塘，用不了一个小时，不过那天我们走走停停，足足花了两个半小时。

烟雨江畔的博物考察

别小看野谷塘这个澜沧江边不起眼的自然村，其实村里藏着一种国宝级的自然资源，那就是野生稻。当地政府在那里建立起了保护区，其核心区域被铁丝网围了起来，禁止外人入内。这些宝贵的植物长在一个类似于沼泽地一样的水塘里。说到这里，大家或许就明白“野谷塘”这个名字是怎么来的了吧。

下午 4 点多，我们来到江畔的野谷塘码头，天色忽变，又下起雨来。

没法出去找鸟，只好在码头边的长廊里躲雨，远眺山光水色，倒也心旷神怡。等雨小点了，我穿上一次性雨衣，独自沿着江畔的小路走走，看有没有鸟。江边长着一种榕树，枝干上果实累累，或青或红，宛如一个个微型苹果。鸟很少，只见到几只古铜色卷尾在树林中飞鸣。

傍晚，热情的村干部招呼我们到他家吃饭。他家屋前有很多果树，青的芒果、红的荔枝，挂满了树枝。晚饭后，天色还比较亮，于是我们又沿着来时的公路，慢慢开车。沿途看到的都是常见鸟类，且不去说它，但雨后的风景真的令人陶醉。暗绿的山林上空，缭绕着洁白的水雾，映衬着橙黄的天空，有一种恍若仙境的美。

当晚，住在野谷塘的一家农家乐里。次日一早，就被一种极其响亮的鸟叫声吵醒，早饭后才在附近村民家里找到声音的来源。当时我很吃惊，因为这竟然是一只笼养的中华鹧鸪雄鸟！而旁边另外一只笼子里还养着一只棕三趾鹑的雌鸟。这两种鸟我以前都没有见到过，没

棕三趾鹑（雌）

想到会以这样一种方式初次相见。村民说，这两种鸟在当地都有分布，以前数量还不少。

中华鹧鸪是一种属于雉科鹧鸪属的鸟类，虽说在我国长江以南有着广泛的分布，但真正见到过这种鸟的人并不多。多年前，中华鹧鸪数量较多，是传统的狩猎对象，但如今，随着栖息地环境的破坏，很多地方的中华鹧鸪种群数量都在下降，亟须加强保护。

说起来，中华鹧鸪的形象倒是在中国的古典诗词里经常出现，比较著名的就有：

越王勾践破吴归，义士（一作“战士”）还乡尽锦衣。宫女如花满春殿，只今惟有鹧鸪飞。（唐李白《越中览古》）

沙上不闻鸿雁信，竹间时听鹧鸪啼。此情惟有落花知。（宋苏轼《浣溪沙》）

青山遮不住，毕竟东流去。江晚正愁余，山深闻鹧鸪。（宋辛弃疾《菩萨蛮·书江西造口壁》）

古人常把中华鹧鸪雄鸟的鸣叫声模拟为“行不得也哥哥”。如明代诗人丘濬就写过一首题为《禽言》的诗：“行不得也哥哥，十八滩头乱石多。东去入闽南入广，溪流湍驶岭嵯峨，行不得也哥哥。”

但我想，中华鹧鸪一定想对人类大声说：“抓不得呀，哥哥！抓不得呀，哥哥！”多么希望，有一天，我能在野外见到自由自在的中华鹧鸪与棕三趾鹑。

早饭后，再去野谷塘码头附近找鸟，谁知又遭大雨突袭，完全动弹不得。雨停后，就决定返程。忽见前方路面上有一只珠颈斑鸠在缓步而行，我不禁笑了，这种鸟在华东是随处可见的常见鸟，但在西双版纳，我还是第一次见到。

珠颈斑鸠

中途，我们下车去观赏一个被称为“仙人洞”的地方。原来，这里属于喀斯特地貌，在山区公路的下方，有一条不起眼的小路通往一个小型溶洞。我拿小手电往洞里一照，那些钟乳石顿时显现出了鲜艳的色彩：青绿、土黄、乳白、暗紫……

离开“仙人洞”，往前行驶了没多久，我忽然看到右前方的树枝上似乎停着猫头鹰。赶紧停车，举起镜头一看，还真是猫头鹰，而且还是两只！准确地说，它们是斑头鸺鹠（音同“休留”），这是一种在白天也会活动的小型猫头鹰。起初，其中一只鸟正对着我们，而另外一只是背朝着我们的。后来，估计是听到了一些动静，那只背对着我们的斑头鸺鹠也 180 度扭过头来，两个家伙都目光炯炯地注视着我们。稍过一会儿，便同时飞走了。

当天下午与 6 月 23 日早上，我们又在附近村寨找鸟。然后，于 23 日上午离开勐往乡，经勐阿镇、勐混镇，前往中缅边境的国家级口岸打洛镇。

打洛江畔 寻飞羽

傍晚，一阵大雨过后，湿润的空气变得越发清新。站在桥上，看挟带着大量泥沙的黄浊的打洛江水，急急向东南流去。云气缥缈，远山如黛，那已经是缅甸的山。

来自两三千公里之外的宁波的我，倚靠在桥栏杆上，静静地观察、感受着眼前的一切。陪伴我的，是一株从栏杆下的石缝里长出来的小树，它个头虽小，却葱郁而强劲。

打洛，我来了。

通过多重关卡来到打洛

2020 年 6 月 23 日一早，又去勐往河沿线找鸟，没有特别的收获，但远远听到疑似中华鹧鸪的叫声，然后便离开勐往乡，直奔打洛镇。导航显示，就算中途不停车，到打洛也需要开车约 3 小时。这也难怪，勐海这么大，而我们要从最北边的勐往前往最南边的打洛，当然很费时间。

中午在勐阿镇上吃饭，然后直奔打洛。说起打洛，这虽然是中缅边境上的一个小镇，但名气大得很——在宁波，我的不少朋友对西双版纳的其他地方不大熟悉，但居然都知道打洛——因为，自古以来，打洛便是中国通往东南亚国家最便捷的陆路通道之一。而据 2020 年 1 月 19 日的《云南日报》报道，打洛口岸不久前通过了国家级验收。这是云南继瑞丽、畹町、腾冲、清水河之后，第五个获得国家级开放验收的一类口岸。因此，自从我接受《勐海观鸟笔记》的写作任务之后，就一直盼望着去打洛看一看。

不过，2020 年实在是一个很特殊的年份。由于疫情防控，到打洛并不容易，在打洛境内拍鸟也不容易。打洛与缅甸接壤，山水相连，当地每天都在严防死守，尽力杜绝和及时发现偷渡行为。因此，我很多地方都不能去。

那天，午饭后，我们驾车经勐混镇前往打洛，在数十公里的公路上，共碰到三个卡点，其中勐混境内一个，打洛境内两个。执勤人员查看每一个人的身份证，反复问我们去打洛干什么。我说，我是受勐海有关部门的邀请，前往打洛进行鸟类调查，对方听了将信将疑，后来看到我的专业摄影器材才放行。下午3时许才到达打洛，先找宾馆安顿下来，看到镇上好几家宾馆都属于入境人员的临时隔离观察点。这里顺便说一下，多次来勐海进行鸟类调查，打洛镇是我到过的勐海境内气温最高的地方。打洛镇处于河谷地带，海拔比勐海县城低了几百米，因此气温似乎跟景洪市区差不多。

此前，冯主席已帮我联系好了镇里的一位干部，由他带我们去找停栖在树上的钳嘴鹳。这位干部在前面开车带路，我开车在后面跟着，离开镇区，驶入靠山的小路，沿途经过了更多的卡点。如果没有他带路，我们根本不可能开进来。停车后一问方知，附近的山属于缅甸，山中有很多便道通往中国境内，一不留神就可能有人翻山越岭偷渡入境，这对疫情防控压力极大。远远看到，有几只钳嘴鹳停在大树顶上。但我没有过去拍，因为若要继续前行，恐怕还得再费一番经过数重卡点的周章，实在太麻烦。

“独树成林”中的野蜂巢

告别那位干部，我们来到打洛江边。其实，在地图上，这条河的名字叫南览河，其中很长一段为中缅界河。它在打洛境内的部分河段，又被称为打洛江或打洛河。

我和妻子正准备下车找鸟的时候，天色突变，下起了很大的雷雨，无奈又躲进车里避雨。好在雨来得急，去得也快，不久便停了。雨后，沿着河边随意走走。时近黄昏，远远传来白胸苦恶鸟的叫声：“苦恶，苦恶……”叫个不停。

白胸苦恶鸟

次日上午，我们决定去著名的“独树成林”景区，这是来打洛的游客必去的打卡地。当然，对于我们来说，除了满足一下好奇心，更重要的事还是去找鸟。进入景区之前，先开车到打洛口岸兜了一下，发现由于疫情，这个往日十分繁忙的口岸如今竟冷冷清清。而进入附近的“独树成林”景区，发现也同样门可罗雀，除了工作人员，貌似就我和妻子两个游客。

独树成林

景区对面就是缅甸境内，著名的大金塔近在眼前。可能是天气热的缘故，生态环境相当好的景区内竟然几乎见不到鸟。后来才知道，“独树成林”景点其实就在景区入口处的左边很近的地方，但按照规定的游览路线，进门后我们必须先往右边走，经过中国远征军抗日作战遗址、“千手观音树”等，逆时针走一圈，最后才能欣赏“独树成林”。沿路只看到鹊鸲、斑腰燕等少数几种常见鸟类，还遇见一只变色树蜥。这种树蜥在勐海很常见，我已见过多次。

斑腰燕

变色树蜥

千手观音树

野蜂巢

不过，当看到“独树成林”景观的瞬间，还是由衷赞叹：这棵大榕树的数十条气生根从上而下，扎入泥土，形成丛生的有如支柱的根系，的确十分壮观。仔细一看，发现树干上除了有附生的兰科植物，还有很多野蜂巢——有的形状很像悬挂下来的络腮胡。通过长焦镜头一看，看到有的蜂巢表面有无数的蜜蜂。我想，有密集恐惧症的人恐怕是不敢看这样的东西的。奇妙的是，只要有一部分蜜蜂一动，整个蜂群就会随之而动，就像水面荡起一阵涟漪，又像操练有素、整齐划一的集体舞蹈。

树旁竖了一块木牌，上面说这棵大叶榕“已有 1000 多年树龄”；而我在其他资料上看到，这棵树的树龄在 200 年以上。我猜想后者应该是正确的。

日暮江畔雨燕飞

离开“独树成林”景区，回到打洛江边，走进了打洛森林公园，这是一个仍在建设中的景点，植被茂密，自然环境还不错。我们先沿着林中的铁轨慢慢走，路边有很多状如臭牡丹（马鞭草科大青属）的白色花。忽见一只红色的小鸟从小竹林里飞了出来，停在花的旁边，用弯弯的嘴吸食花蜜。这下看清楚了，原来是黄腰太阳鸟的雄鸟！这是我2019年底刚到纳板河保护区观鸟时遇见过的老朋友了，没想到在这里又相见了。

拐入树林，一只尾巴较长的鸟儿飞过我的身旁，停在暗处的树枝上。举起镜头迅速抓拍下来，看清是白腰鹊鸲的雌鸟，它的羽色为暗褐色，不如雄鸟鲜明。

黄腰太阳鸟（雄）

白腰鹊鸲（雌）

麻雀们聚集在“金三角”景点的广场上叽叽喳喳，十分热闹。一只嘴里叼着虫子的黑冠黄鹎飞过，在远处树上停了一会儿，然后消失在了密林中。显然，它是在喂养巢中的宝宝。

含羞草的花

又退回到打洛江畔。河岸边除了含羞草，还有不少含羞树（我本来不知道，是一位研究豆科植物的朋友告诉我打洛江边有不少这种植物），正开着状如杨梅的粉色的花。菊科、豆科植物的野花很多，引得蜂蝶乱舞，有只黑色的蜂特别大，不知道是不是属于熊蜂的一种。树上蝉鸣声声，找了很久，才终于拍到一只深色的蝉，它个子很小，胆子也很小，但音量很大。

灰胸山鹪莺

灰胸山鹪莺在河边随处可见，跟华东地区常见的纯色山鹪莺一样，这个小不点有时也喜欢站在植物的顶端放声鸣唱。正值盛夏，这种小鸟自然也早已换上了繁殖羽，即胸前有一条烟灰色的“抹胸”。

那天傍晚，又到打洛江边走走。河中有好几头牛在洗澡，牧牛的农人设置了一个简单实用的杠杆来控制这些牛，既给它们较大的活动空间，又不至于走远。这个杠杆是一根长竹竿，竹竿的尖端有长长的绳

小白腰雨燕

领角鸮

子牵着牛。牛只能在一定半径内走动。我第一次见到这样的景象，亦觉十分有趣。

偶尔抬头，看到几只钳嘴鹳正急急往缅甸方向飞去。

一群小白腰雨燕，发出急促而尖锐的叫声，在天空杂乱无章地飞着，追捕着飞虫。忽然，它们往下钻入桥洞，又从桥的另一处掠飞而出。我怀疑在桥洞下有它们的巢。

晚上，我和妻子在河边的小店里吃烧烤，听到对岸的树林里传来领角鸮的叫声：“嗡！嗡！”每隔几秒一声，低沉而悠远。

气候 转身的地方

从景洪的嘎洒机场开车到勐海，随着不断地上坡，到了南糯山，在国道边看到一块牌子，上面写着“气候转身的地方”，当时觉得有点好奇，但不明所以。直到这次到格朗和哈尼族乡（以下简称“格朗和乡”）的南糯山进行鸟类调查，才恍然大悟。这是后话。

且说 2020 年 6 月 25 日上午，我和妻子离开炎热的打洛镇，驾车直奔下一站：格朗和乡。到达勐混镇附近后，我们右拐离开国道，沿贺开线穿过广阔的坝子，然后再驱车上山，不久就进入了格朗和公路。

初到格朗和

勐混坝子里的水稻已经结穗，“五一”假期时在这里所见的钳嘴鹳、白鹭、牛背鹭等都难觅踪影。我跟妻子说，这回你恐怕看不到钳嘴鹳了。话说完没多久，车子就上山了，路边有不少梯田，田里居然依旧还是秧苗。妻子忽然说，前面有一大群白色的大鸟！我一看：呀，好多钳嘴鹳！我笑了，说：“看来你的运气不错呀。”

于是在路边停车，拍了一会儿。忽见两只钳嘴鹳打斗了起来，只见它们两张大嘴紧紧咬在一起，然后都张开翅膀，似乎在鼓劲，这模样倒跟拔河有点像。

继续前行，听见水田附近的小树上传来响亮的鸟叫声，这声音我太熟悉了，肯定是沼泽大尾莺！不过，虽说知道是它在叫，要马上找

钳嘴鹳打架

小䴙䴘

山麻雀（雌）　山麻雀（雄）

到它却也不容易。这鸟叫声虽然很响，却总感觉有点飘忽，难以定位。过了好一会儿，我才在镜头里看到它。

中午，到达格朗和乡，乡政府就在黑龙潭旁。黑龙潭是个美丽的湖泊，湖中有小䴙䴘在游弋，湖畔见到了大山雀、斑文鸟、白鹡鸰、麻雀、山麻雀、家燕、斑腰燕、棕背伯劳、小白腰雨燕、鹊鸲、普通翠鸟等小鸟。

在客栈旁一下车，一股清凉的风扑面而来，顿时觉得十分舒爽。

长尾缝叶莺幼鸟

妻子说："天哪，这里的气温跟打洛完全不同，简直就像是春天，真没想到在同一个县里的不同乡镇，气候差别会这么大！"是啊，不过其实也不奇怪，格朗和乡的乡政府所在地海拔约 1400 米，比打洛镇区高出近 800 米，气温当然会低很多了。

刚走进客栈开好房，准备上楼的时候，忽见一只小鸟正在室内乱窜，撞在了玻璃上。我轻易就把晕头转向的它给抓住了，原来是一只长尾缝叶莺的幼鸟，嘴角还是嫩黄嫩黄的。我摊开手，小家伙静静地躺在我的手心，一动不动。我想这或许是应激反应，于是把它拿到室外，想把它放在草地上，顺便拍几张。谁知，当我刚把它放下，还没来得及拿出相机，它就一骨碌站了起来，拍拍翅膀，也不跟解了它的困的我告个别，就飞进了树丛，不见了踪影。好吧，小家伙，祝你以后好运，可别莽撞乱闯了。

客房里没装空调，不过天气凉爽，就无所谓。中午准备小睡一会儿。刚睡着，忽然，外面不知哪儿的大喇叭开始播放歌曲："咚吧嚓嘞，咚吧嚓嘞……"这欢快的歌声特别响亮，让人没法睡觉。我们在这个客栈共住了两晚，每天都听到这“咚吧嚓嘞，咚吧嚓嘞……”简直哭笑不得，印象至为深刻。

当天下午，我们前往南糯山的多依寨，在路边见到一只灰胸山鹪莺在草丛里鸣叫。很快到了寨子，见到路边竖了一块木牌，上书“全球古茶第一村南糯山，丫口老寨、丫口新寨、多依寨”等字样。一幢楼房的墙上刷着一条很长的标语：“不砍树，不烧柴，才能留住雨林，留住普洱茶”，很让人感慨。

这里的海拔在1800米左右。我顿时明白了为什么把南糯山称为“气候转身的地方”。因为景洪的气温跟打洛类似，都比较高，所以到了海拔较高的南糯山，当然明显变凉，就像是两重天了。

云雾缭绕的南糯山

南糯山寻鸟记

那天一进入寨子，就发现这里多大树、古树。偶抬头，看到一只鸟在一棵大树顶端的枯枝上，由于是逆光，肉眼根本没法看清楚是什么类型的鸟。姑且举起镜头拍了几张，回放时倒是一阵惊喜，原来是大拟啄木鸟！这鸟在勐海我还是第一次见到。所谓“大拟啄木鸟”，就是个子比较大的“拟啄木鸟”，以前在勐海拍到的蓝喉拟啄木鸟、蓝耳拟啄木鸟，体型明显要小些。说来有趣，往前没走多远，妻子就指着前面的一棵树说：“看，那里有只绿色的鸟！”我赶紧按下快门，哈哈，原来是蓝喉拟啄木鸟。

大拟啄木鸟

褐胸鹟

路边有一丛蔷薇科悬钩子属植物，上面挂满了鲜艳的红果，从浅红到深红、紫红乃至黑色皆有，随手摘一颗尝尝，酸甜可口，味道还不错。回宁波后查了查，这野果应该是插田泡，在浙江也有分布，但我在宁波未曾见过。大致在寨子里走了一圈，看了一下附近的地形与植被，见天色渐晚，就回客栈了。

插田泡

次日上午，经过多依寨继续前行，准备往半坡老寨、石头老寨、姑娘寨方向走走。我让妻子先开车到前面找个地方停车等我，而自己沿公路往下走，边走边找鸟。见到的第一种鸟又是蓝喉拟啄木鸟。后来在路边树林中拍到一只褐胸鹟（音同“翁”），倒让我挺高兴。这种鸟不仅是我在勐海第一次记录到，而且我以前也没有拍到过。跟我以

石头老寨路边的大树

前在华东见过的灰纹鹟、北灰鹟、乌鹟等相比，褐胸鹟虽然大小接近，也有着类似的灰褐羽色，以及鹟类常有的大眼睛，但还是有一些明显不同的特点：首先，它的脚的颜色很浅，不像上述几种鹟都是黑色的脚；其次，它有着明显的白色眼圈，眼先也是白色的。以前，在秋季迁徙期，有鸟友曾在华东沿海拍到过褐胸鹟，但可惜我以前一直无缘见到。

后来又拐入石头老寨，路边一棵苍劲的大树让人印象深刻，它的根部的形状就像是作势取物的手，“手指”粗壮有力，中空，足以容纳两三人。

一只灰林鵖雄鸟在树枝上大声歌唱，从这根树枝换到那根树枝，从这棵树换到那棵树，情绪饱满，久唱不歇。后来，在附近又见到了多只灰林鵖幼鸟，以及正在捕虫育雏的成鸟。还见到了一小群红头长尾山雀。这种在浙江常见的小鸟在勐海遇见的概率不高。后与妻子会合，到姑娘寨看了一眼，见到了“勐海五书”的主编马原老师的住宅。虽说我与马原老师见过一面，但由于事先不曾预约，因此就没有贸然上门拜访。

中午回客栈附近吃饭。午后有雷阵雨，雨后空气特别清新。我让妻子在客栈休息，自己开车到附近田野里找鸟。一只黑卷尾停在一株高高的禾本科植物的顶端，不时飞扑出去捕捉飞虫，捕食的成功率还挺高的。过了一会儿，又飞来一只黑褐色的黑卷尾，看样子还是一只幼鸟，

灰林䳭

黑卷尾

两只鸟一上一下，停歇在同一株植物上，忙着捕食。路边车来人往，它们也不害怕。

作别姑娘寨

6月27日上午，先到半坡老寨附近的林子找鸟，见到了红耳鹎、红头长尾山雀、黄绿鹎、家燕、斑腰燕等很多常见鸟类，后来还看到了一对白喉扇尾鹟，可惜它们很快消失在了密林中，没有拍到。

中午，入住姑娘寨的云上客栈。跟乡政府旁的客栈一样，这家客栈的客房里也没有装空调。客栈老板成先生老家是江西的，后来到深圳

衔泥做窝的斑腰燕

发展，近几年定居姑娘寨。我有点好奇地问老板："你从深圳搬到勐海的姑娘寨，是不是受马原老师影响啊？"成先生直言不讳，说："是啊，马老师喜欢南糯山，喜欢姑娘寨，而从上海搬家到了这里，我很受触动，因此也下定决心搬了过来，在这里开了一家民宿。"成先生说，他特别喜欢这里的气候，一年四季无须空调，真正的冬暖夏凉，空气好、山好、水好、茶好……

下午，到云上客栈附近的山里走走。据成先生推荐，那里有一条幽静的林间小路通往半坡老寨，环境很不错。我去那里走了一圈，确实很美，但可惜没见到几种鸟。出来后，到石头新寨看看，见到了白喉红臀鹎、蓝喉拟啄木鸟、某种柳莺等，总的来说，鸟也很少。看来，夏季"鸟荒"，似乎哪里都这样。

晚饭后，成先生邀请我们一起喝茶聊天。在他的茶室里，我看到了马原老师的新著《姑娘寨》，翻看了一会儿。后来回宁波马上买了一本。当晚，有个当地的小伙子也在。我就问他："你们这里有首歌，开头唱'咚吧嚓嘞，咚吧嚓嘞'，是啥意思呀？"小伙子说，就是"一起跳舞吧，跳舞吧"这个意思。

6 月 28 日，周日，是返程的日子了。上午离开云上客栈，看见附近有美丽的云海，非常好看。看来，这客栈取名"云上"，倒也真是一点不假。

沿着盘山公路，一路下行，不时穿过云雾区域。也曾在阳光比较好的地方专门停下车来找鸟一个多小时，可惜也没有发现特别的鸟种。很快，车子就行驶到了国道上（即竖着"气候转身的地方"牌子的位置），然后直奔景洪，准备搭乘下午的航班回家。

云上的巴达

夜渐深，我独自驾车，行驶在高山森林中的公路上，偶尔遇到一阵雨或雾气。我以前从来没有来过这里，只是跟着导航的指引，在颠簸的路面上龟速前行，只知道过了一个又一个的弯，路上没遇见任何行人与车辆。

可能我有点疲劳了，以至于到最后几乎产生了一种错觉：感觉自己仿佛行驶在远古的道路上，除了这辆汽车是现代的，周围的一切都是原始的。

晚上 9 点多，女儿打电话来了，说："爸爸，你还没到吗？"我看了一眼导航，说："快了！"

第五次到勐海进行鸟类调查，我的第一站是西定巴达。

一路颠簸，夜抵巴达

这次鸟类调查，我事先确定的重点区域是西定哈尼族布朗族乡和布朗山布朗族乡（简称西定乡、布朗山乡）。2020 年 9 月 28 日，我请了年休假，在国庆长假开始之前飞往西双版纳。我已多次到勐海，而这一天的旅途是最辛苦最漫长的。当日 6 点起床，赶 8 点多的飞机，从宁波起飞，经昆明中转，到达西双版纳已经是下午 4 点半。在机场附近办了租车手续，取了车，便直奔巴达。导航显示，路程有 116 公里，需 3 个小时多一点。

快到勐海县城的时候，冯主席跟我联系，约我到县城吃过晚饭再走。我想也好，反正是要找地方吃饭的嘛。饭后，马上出发，导航显示里程为 74 公里，两小时可到。后来才知道，导航明显“低估”了路况的艰难，实际所用时间要两个半小时。因为，当我经过章朗古寨的寨门，左拐继续上山的时候，发现接下来没有水泥路了，全是弹石路面（使用粗加工的石块、石片铺就的道路）！车行其上，非常颠簸，加上又是晚上，视线不佳，因此我的时速只有 20 公里左右。而且，部分路段还有较大的坑或水洼，让人胆战心惊，毕竟我的车不是越野车。经过贺松，忽然有了水泥路，我长舒一口气。然而，我高兴得太早了，刚离开贺松，又恢复了弹石路面！

弹石路面的难行我并不是第一次领教，2020 年 5 月初，我初探布朗山，就开过这样的路。那段路只有 7 公里，已经让我叫苦不迭了。而那天，我独自在晚上连续开了 30 多公里的弹石路面，终于在晚上 9 点半看到了巴达的灯光，抵达当地唯一的住宿地：曼皮宾馆。

好在，西定乡的宣传委员依香约事先已跟宾馆老板打好了招呼，说我今晚会到，让他留好房间。当我在宾馆门前停下车的时候，坐在门

铜蓝鹟

前的老板说：“啊呀，你总算来了！”

第二天清晨，阳光很好，我打开房门，见到对面的大树上有鸟儿在跳动。赶紧用望远镜一看，原来有两只铜蓝鹟！这是一种全身蓝色的漂亮小鸟，在浙江比较罕见，我前几年曾拍到过，不过在勐海还是第一次看到。开门就“加新”，自然很高兴。

拿了器材，下楼吃早饭。此时才发现，宾馆楼下有个小湖，而对面就是巴达村民小组（隶属于曼佤村委会）。

这里补充说明一下，早年，巴达也是一个乡，后来才并入西定乡。早饭后，先在宾馆附近转了一圈，见到的都是寻常鸟类，如棕背伯劳、小鹇鹛、灰鹡鸰、灰林鵖、家燕、冕柳莺等。

灰鹡鸰

冕柳莺

江础先生在学鸟语

大黑山里的“鸟语者”

随后，打电话给曼佤村的村支书则罗先生。此前，热情的依香约帮我联系好了，说则罗支书会请一位村民为我带路，进入贺松村民小组附近的大黑山原始森林找鸟。

于是，我开车到了贺松，在好客的则罗支书家里喝了一会儿茶。则罗支书说：“现在时间还早了点，鸟不是很多，如果 11 月过来，不少树木的果实熟了，会有很多鸟过来吃。”说着，他指着对面山坡上几棵大树说，这些树上就有很多鸟。则罗支书让我们随身带把伞，说这个季节，巴达这地方几乎每天都会有阵雨，老天爷说下就下，事先算不准的。

稍后，我就起身跟着一位名叫江础的村民进山了。江先生 54 岁，话不多，看上去很干练。上山的路比较破，我硬着头皮开了上去，到了一个可以掉头的地方，江先生说：“好了，就停这里吧！接下来我们步行进去。”果然，接下来的路更窄更崎岖，车子是没法开的。没走多远，看见树上隐约有几只小鸟。这时，江先生突然说了一句让我非常惊讶的话：“你别说话，我把鸟叫过来让你拍。”于是我站定了，默不作声，好奇地看着他。只见他略微鼓起嘴唇，发出了很有节奏的三音节的声音：“咕，咕，咕！咕，咕，咕！……”我抬头看树上，那几只小鸟跳来跳去，既没飞走，也没靠得更近，我拍了下来，原来是比较常见的蓝翅希鹛。

继续前行。我问他：“你难道会说鸟语？这叫声怎么学来的？”他说，小时候家里养过野生斑鸠，笼子里的鸟一叫，他就跟着学。“这一招在野外灵不灵？”我又问。“要看具体情况，有时候有用的。”他说。

又走了一会儿，见到十米外的树上也有小鸟。江先生准备再使用一下“鸟语”，不过这回音调完全变了。只见他把两只手的食指和中指都放入嘴里，用力发出类似于“吱呀！吱呀！”的略带拖长音的尖而细的声音，很像一些小型林鸟发出的鸣声。这回似乎还真管用了。一只黄眉柳莺跳到了离我们很近的树枝上，逗留了一会儿，似乎在好奇地查看着什么，然后才飞走。

黄眉柳莺

状如葡萄的可食野果

接下来，又看到了黄臀鹎、黄绿鹎等鸟儿，不过总的来说鸟不多。

鸟虽拍得不多，但这里的蝴蝶真的很多很漂亮，可惜我只认得红锯蛱蝶一种。另外，跟着江先生，我大饱口福，一路上吃了不少野果，除了一种我知道是蔷薇科悬钩子属的果实外，其他我都不认识。其中有一种黑色的野果，很像葡萄，酸甜鲜美，吃了让人精神一振。江先生沿路说起这些野果，可谓如数家珍，哪些可食，哪些味道好，哪些不能吃，他知道得一清二楚。可惜他也只知道这些野果用方言该怎么称呼，而我呢，既听不懂也记不住这些方言名字。

红锯蛱蝶

贺松大黑山原始森林

疏花蛇菰

后来，江先生说，要带我到附近森林中去看古茶树。我事先也看过书，知道这里有野生的茶树王。于是，我们经过贺松茶王树水库（对，就叫茶王树水库，是一个位于高山上的小型水库），拐入遮天蔽日的原始森林。暗绿的树林中到处是怪藤和苔藓，蘑菇也多，还有不少白接骨的花。忽然，我看到一丛深红的状如毛笔头的“蘑菇”，从腐烂的落叶堆里冒了出来，其外形十分奇特。直到回宁波后，我才查明，这压根不是“蘑菇”，而是一种自身不能合成叶绿素的寄生植物！这红色的“毛笔头”，竟然是它的花序！它的名字，叫疏花蛇菰。

红尾伯劳

蓝矶鸫

看过古茶树，返回巴达，一起吃了饭，再把江先生送回贺松。下午，独自到巴达附近的盘山公路上转了转，拍到了一只红尾伯劳和蓝矶鸫。这只红尾伯劳头顶为褐色，与上次在勐遮坝子见到的头部棕红的红尾伯劳为不同的亚种。

巴达的早晨

云海之上寻飞羽

9 月 30 日早上 7 点多，太阳刚从山顶冒出来，我就起床了，先到巴达村里转转。清晨的阳光柔和而温暖，照耀在错落有致的房屋上，洒在大树、鲜花上，整个寨子都闪着清亮的光，美得像是童话里的村庄。有些人家的石墙上长满了旱金莲，其叶如莲，其花或黄或红，在阳光下灿然如金，十分好看。

身边的矮树上，传来“嗜！嗜！”的鸟叫声，但一时间找不到它。捉了半天迷藏，这小家伙才终于从枝叶间冒了出来。极小的身子，灰褐的羽毛，很短的尾巴，原来是一只红胸啄花鸟的雌鸟。小山包的树顶上，有只红尾伯劳神气地站在光秃秃的树枝上。站在村庄的高处远眺，看见一群家燕停在电线上，它们的身后，是山谷中涌动的云海。这里的海拔有 1800 多米，因此高踞云海之上。

红胸啄花鸟（雌）

早饭后，出发去章朗村找鸟。此前跟宾馆老板聊天才知道，其实我来巴达，可以不走弹石路面的，穿过章朗，经曼佤老寨等，也可以抵达。不过，他还说，这条路比较狭窄，爬坡、下坡路段长、急弯多，但好歹是水泥路面。我倒不怕这个，问明了路线，当即出发。

不过，章朗寻鸟的故事这里暂且不提，下篇专门会讲。且说那天傍晚回到巴达，我看见八月十四的大月亮已经升上了树梢，次日就是中秋佳节了。而我，在离家两三千公里的勐海寻找飞羽，倒也并不寂寞。

10 月 1 日早上，开车前往曼皮老寨方向，沿着公路慢慢找鸟。洁白壮阔的云海就在不远处翻腾，雾气如巨大的海浪，慢慢从山谷中升腾而起，逐渐淹没了较低的山包，最后只有最高的一道道山脊线露在外面。我在勐海欣赏过很多次云海，这次在巴达看到的景象最为壮观。

巴达的云海

小斑姬鹟（雌）

在一个拐弯处，有一座凌空搭建的木结构房子，远看我还以为是观景台，心想也好，可以上去看云海。走近了一看，不禁哑然失笑，原来这里竟是一个当地人养鸡养羊的棚。但有趣的是，这个棚的附近鸟很多，有棕背伯劳、红耳鹎、黄绿鹎、灰林鹏、黄臀鹎、白喉红臀鹎、灰卷尾、小斑姬鹟等。这小斑姬鹟的辨识也挺伤脑筋，一开始我认为是红喉姬鹟的雌鸟，但后来觉得更像是小斑姬鹟雌鸟，理由如下：红喉姬鹟的尾上覆羽应为黑色，外侧尾羽的基部为明显的白色；而我拍到的小鸟的尾上覆羽为棕红色，且外侧尾羽基部并不是白色，而只是尾下覆羽为白色——这都符合小斑姬鹟雌鸟的特征。

另外还有一种鹟，腹部多鱼鳞状斑纹，疑为乌鹟的幼鸟。往不远处走走，又拍到了灰树鹊。上面提到的两种鹟，还有灰树鹊，我在勐海都是第一次拍到。

这个地方鸟多，我估计有两个原因：一是树上果实多，引来了喜食野果的鸟，如各种鹎；二是鸡粪羊粪招来了昆虫，也吸引了喜食昆虫的鸟，如各种鹟、灰卷尾、棕背伯劳等。

乌鹟（幼鸟）

三探 章朗古村

我对章朗村有着特殊的感情，因为，就像本书开头时所说，我有生以来第一次踏上勐海的土地，就是在章朗村——这个靠近中缅边境的古老的布朗族寨子。那天，一下车，一股清凉的山风扑面而来，把我一天飞行、坐车的劳顿一扫而空。这印象，至今还很深。

2020 年 9 月 28 日晚上，在开车前往巴达的途中，经过那个写着“章朗千年古寨”的寨门，我的心里就倍感亲切。因此，在 9 月 30 日与 10 月 1 日连续两天的下午，我都专门到章朗村去找鸟，收获不错，甚至可以说惊喜不断。

初识章朗

2019 年 4 月 9 日傍晚，我第一次来西定乡的章朗村。此前，我对这个村一无所知。到了之后，才知道这是一个处在海拔 1600 多米的山上的布朗族寨子，是有名的传统村落，里面还有专门的布朗族传统文化展示区。不过，那次过来，行色匆匆，没有时间好好观鸟。只记得，当天在章朗新寨的小广场旁的一棵小树上，拍到了一只蓝矶鸫雄鸟。而次日上午又在白塔附近的树上见到了一群栗耳凤鹛。然后，我就和李元胜老师等人离开了章朗，去参加“勐海县自然与文化论坛”了。因此，第一次到章朗，我只留下了比较模糊的印象。

2020 年 9 月 30 日下午，我专门从巴达到章朗，边找鸟，边好好看风景。这个古村比我记忆中的要大得多，也美得多。我最喜欢的是，寨子里就有很多原生态的树林，有各种大树、古树，感觉民居与森林浑然一体。寨子里有非常美、非常洁净的白象古寺，那天我静静地走过，

章朗村里的白象古寺

章朗村里的树林

走到另一侧往下的台阶时，看到台阶上放了不少鞋子。这才知道，原来人们从台阶走上来进入佛寺时都是脱了鞋的。这让我这个外地人颇觉惭愧。

黄腹鹟莺

一只微小的红胸啄花鸟在大树的树冠里活动，我拍了半天也拍不清楚，只好作罢。忽见身边的小竹丛里有两只小鸟在跳跃，那里面的光线非常昏暗，我隐约看到了小鸟鲜黄的腹部。我蹲了下来，始终把镜头对准小鸟活动的位置，终于，有那么短短的三四秒钟，其中一个小家伙跳到了一个空隙处，我赶紧按下了高速连拍的快门。我看清楚了，这是一只黄腹鹟莺。不久，这两只黄腹鹟莺一前一后相继飞过我的身边，消失在了树林中。

金钱豹属野花

这时我发现有一条土路通往下方，修竹夹道，非常幽静。路边盛开着一种秋海棠属的野花，绿叶状如荷叶，花瓣粉白可人。忽又见一种细弱的藤本植物，从上面挂了下来，叶为心形，藤茎上挂着几朵如同倒扣的钟的白色花儿，蹲下来，再往上看“钟”的内壁，发现里面是淡淡的紫红色，整朵花十分雅致。回宁波后，确认这是桔梗科金钱豹属野花。金钱豹，俗名土人参，根可入药，其果实味甜，可食。

不过，植被虽好，鸟却很少，我觉得有点奇怪，于是继续往下走。看到路边的土壁上有个碗口大的洞，靠近洞口的位置，居然有个已经被使用过的鸟巢。我还真不知道，什么鸟会安家在这样的泥洞里？快走到土路的末端，即将离开树林的时候，忽见前方的树枝上似乎有一只鸟。不过，由于它处在强逆光的位置，因此我凭肉眼根本判断不出是什么类型的鸟。于是，举起镜头，拍下了一看，顿时又惊又喜，居然是蓝须蜂虎啊！当初，我第一次来勐海进行鸟类调查的时候，曾在纳板河保护区的“神树”那里拍到过，不过那次只见到了它的背部，没有看见标志性的“蓝须”。而这一回，我倒是看到胸前的蓝色羽毛了，可惜还是被枝叶遮挡着。

我试着小心翼翼往前走了两三步，可惜，警觉的鸟儿马上飞走了，让我连声叹息。往前走了一段，没见鸟，再折回到刚刚见到蓝须蜂虎的位置上，心想它很可能还在附近，于是就爬上了山坡。运气真不错，它真的还在那里，就在离我头顶不远的树枝上。唯一的遗憾是，它依旧处在逆光的位置。

蓝须蜂虎

遇见一股小“鸟浪”

10月1日下午1点多，第三次来到章朗。这次准备到章朗村的制高点，即章朗白塔附近仔细看看。

还没走上去白塔的山路，就听到身边的山坡下的树林里传来阵阵鸟鸣声。赶紧走过去一看，发现这片林子里小鸟穿梭飞鸣，显然有好多种鸟。心中暗喜，想：莫不是碰上了众多小鸟结伴觅食的“鸟浪”？

且把镜头对准离我比较近的一只鸟。树林中光线昏暗，好动的小鸟跳来蹦去，几乎没有一秒钟停歇。我把相机的感光度（ISO）调到了3200以上，尽量获得较快的快门速度，才能抓住稍纵即逝的机会，把鸟儿拍清楚。

第一只被镜头“抓”住的小鸟，有着耸立的冠羽、蓬松的喉部，背部是浅黄绿色，而胸腹部是白色的。这特征再明显不过了，显然是白腹凤鹛！清秀可人的小家伙。

白腹凤鹛

红翅鵙鹛

大山雀

然后，用望远镜继续找鸟：咦，稍远处的逆光的树枝上，有只鸟好像在吃虫，只见它头部不停地甩动，似乎在用力制服虫子。赶紧举起相机，拍了下来，放大一看，顿时一阵激动：哈哈，原来是红翅鵙鹛啊！它嘴里叼着一条毛毛虫，正在努力啄食猎物呢。这种鸟，当初我在纳板河保护区也见过，不过那次是仰头见到的，因此只拍了个所谓的“肚皮版”，看不清翅膀上的橙色斑。这一回，总算让我拍到了侧面的影像。红翅鵙鹛，属于画眉科鵙鹛属。以前的文章中曾说过，鵙，在古代就是指伯劳这种鸟，而红翅鵙鹛的头部形状与带弯钩的喙，都与伯劳很像，因此才称之为“鵙鹛”。

各种悦耳的鸣声还在耳畔不停响起，我把镜头转向另外的小鸟，哦，这里还有几只方尾鹟；那边有只大山雀，也在吃虫子呢。还有一只躲在枝叶茂密处的小鸟，还没等我拍清楚，它就飞远了。但见它头部、背部均为深色，胸腹部为橘红，疑为锈胸蓝姬鹟，但不能确定。

凤眼蝶

“鸟浪”消失后，我才缓步走向小山包上的白塔。那里视野开阔，极目远望，我居然看到了对面山头的曼佤老寨，以及从曼佤老寨通往章朗村的那条弯弯曲曲的小路。

可惜，这次在这里没找到鸟，只拍到了一只凤眼蝶。这是一种大型眼蝶，翅黑褐色，前翅有一条明显的黄白色斜带。不过我只拍到它的背面，因此没有看到其腹面的翅膀的眼斑。

顺便逛逛勐遮坝子

从章朗白塔下来，看看时间尚早，心想不如下山，去附近的勐遮坝子找找鸟。于是，驱车离开西定乡的山区，又来到了勐遮镇的田野。

在一个荷塘边上停了车，但我没有下车，避免惊动附近的鸟。我用望远镜仔细搜索荷塘，看见一只池鹭伸着脖子，静默地站在浅水里。它那褐色的条纹，与身边枯荷的颜色十分接近，不用望远镜的话，还真发现不了它。

我慢慢移动着望远镜，忽然停住了，调了一下焦，看清楚了，还真是一只普通翠鸟，它静静地蹲在荷叶上，眼睛向下盯着水面，在寻找小鱼呢。它的胸前是黑褐色的，看上去像是有点脏的样子，这说明，它还是一只幼鸟。

荷塘的田野里，不时传来一阵细而尖的鸟叫声。可是，一开始我竟然找不到鸟。过了好一会儿，才惊讶地发现，一只黄鹡鸰就在离我不

普通翠鸟

大白鹭

黄鹡鸰

远的地方鸣叫。它的腹部虽然是黄色的，但灰色的头部与浅褐色的背部，却与泥土的颜色一致，因此从上往下看，很容易忽略就在眼皮底下的这只小鸟。黄鹡鸰在国内可以见到多个亚种，繁殖于北方地区，我在华东见到的都是春秋时节迁徙路过的鸟。眼前的这只黄鹡鸰，想必是南迁到勐海来越冬的。

附近还有一个荷塘，荷叶居然还是绿的。用望远镜找到了三只白腰草鹬，它们躲在荷叶下、草丛里休息。驱车来到公路对面的田间小路，远远看到一群牛背鹭振翅飞向远处的群山。而就在不远处，居然有一只身材高挑的大白鹭，它正悠然地在水田里漫步，不时低头啄食着什么。夕阳的光是那么温柔，仿佛给洁白的大鸟披上了极淡的金色丝巾；而它，只是伸长了脖子，带着几分傲气，静静地站在绿色的田野里，坦然接受太阳的馈赠。

再上布朗山

跟摸黑经弹石路面开车到巴达一样，我第一次到布朗山乡，也是在夜晚，在7公里长的弹石路面上颠簸了好久，才穿过幽深的大森林，来到乡政府所在地。那是在2020年5月4日的晚上。

那次，初探布朗山，时间虽短，收获却不小，对布朗山留下了很好的印象。因此，当年国庆长假期间，在我结束西定乡的观鸟之旅后，便从勐遮镇出发，满怀期待，直奔布朗山。

“五一”假期，喜遇黑枕王鹟

5月4日那天，我原本在勐混坝子里拍钳嘴鹳，到了傍晚觉得拍得差不多了，而结束此次调查是5日下午，因此还有近一天的时间可利用。于是，就临时决定，到布朗山去看看，就当先去踩个点。

但我事先真的没有想到，到布朗山乡乡政府所在地那么费时间：从勐混出发，沿着大路往打洛方向一路往南，然后左转上山，接下来就是近50公里的山路，狭窄、多弯，还有部分弹石路面，因此车根本开不快。等我到达时，已是晚上8点半左右，早已饥肠辘辘。

次日起来，便开车往回走，因为到布朗山进行鸟类调查的重点地段，恰恰就是那段开车颠簸难受的弹石路附近的森林——属于布龙州级自然保护区的核心区。早先读李元胜《昆虫之美：勐海寻虫记》一书，就看到书中说：“这条路直接横穿核心区腹地而过，奢侈而又罕见，七公里的路堪称我见过的最美公路。”

云南雀鹛

我开车开得很慢，不时停车观鸟。一只灰胸山鹪莺在树丛里大声歌唱，白斑黑石䳭站在高高的竹竿顶上……一路上看了不少常见小鸟，眼看很快将进入弹石路段，我就近找了一块空地停车，步行进入找鸟。前方的灌木丛里传来急促响亮的“唧唧唧”的叫声，原来是一群云南雀鹛（原为灰眶雀鹛的一个亚种，后归为独立种）。它们的情绪似乎颇为亢奋，在树枝上毫不停歇地快速跳动、鸣叫。

一只赤红山椒鸟的雄鸟在头顶的树冠里活动，它那深红的腹部映着绿色，分外显著。不远处的树枝在轻轻晃动，也有一只鸟在活动。不过，这只鸟几乎浑身绿色，跟树叶的绿非常接近，拥有很好的保护色——原来是一只橙腹叶鹎的雌鸟。左边的山坡上，一种植物开了很多粉紫的小花。我隐约看到一只鸟在花间觅食，但又看不真切，直到拍下来才确认，还真有一只鸟！是蓝翅叶鹎的雄鸟。它那绿色

橙腹叶鹎（雌）

这只蓝翅叶鹎，你能一眼发现吗？

栗耳凤鹛

的身体、黄色的头颈、黑色的脸颊，经过巧妙的搭配，在这热带雨林中居然也成了保护色。

几只栗耳凤鹛结伴路过，也给了我不错的拍摄机会。又见一只微小而艳丽的柳莺在阴暗的树冠里跳跃，费了好大劲才拍到了它。当时对它印象最深的，就是其喉部、胸部与尾下覆羽均为鲜艳的黄色，唯独腹部位置为白色，这个特征以前在柳莺中还真没看到过。回宁波后翻书查资料，才确认它是黄胸柳莺。出版于2000年的《中国鸟类野外手册》中对这种鸟的分布有如此描述：“有

黄胸柳莺

黑枕王鹟（雄）

经验的香港观鸟者们包括 P. Round 于 1990 年 3 月在云南南部西双版纳见过 7 次。此为中国仅有的记录。”当然，目前知道黄胸柳莺在国内的分布点多了，在云南、广西、西藏均有发现。不过，此鸟在大部头的《西双版纳鸟类多样性》一书中没有被记载。

当日在山里，最让我高兴的是拍到了一只小小的“蓝精灵”。那时，先听到路边的树林中传来阵阵急促的鸟叫声，近似于：“微微！微微！”声音略显粗哑、尖锐，就好像这只鸟儿在焦急地呼唤着什么。我以前从未听到过这样的鸟声。于是，赶紧举起镜头，循声在枝叶之间搜索起来。忽然，一只蓝色的小鸟跳了出来：它的头部和前胸均为天蓝色，后脑勺上有黑色斑；背部为蓝中略带褐色，腹白；最有趣的是，蓝色的喙的基部上下均为黑色，好像长着极短而浓密的髭须。这个特征真的是太明显不过了，在中国，没有哪一种鸟会与之搞混，它就是黑枕王鹟，而且是一只雄鸟（如果是雌鸟，则背部为褐色）。虽说这种鸟在华南、西南等地分布较广，但我还是第一次亲眼在野外见到。

除了鸟，沿路所见令我印象最深的是形如巨伞的桫椤（音同“缩罗”）。通常所见的蕨类植物都属于草本，生长于森林的中下层，或附生在大树上，但桫椤却属于木本，它直立于林中，高大挺拔。其巨大的叶子呈螺旋状排列于顶端，叶长达 1~2 米，羽状深裂，状如巨大的绿色的鸟类羽毛。

桫椤是一种非常古老的蕨类植物，在恐龙时代曾经非常繁盛。然而，历经漫长的岁月变迁之后，桫椤变得越来越稀少，在我国主要分布于东南和西南地区。目前，桫椤属的所有种均被列为国家二级重点保护植物。

“十一”长假，再探布朗山

10 月 2 日上午，我从勐遮镇出发，前往布朗山。11 时许，到了布龙州级自然保护区核心区附近，也就是弹石路面开始的森林入口处。我停好车，拿着器材徒步进入，来回走了 4 公里多。夏末秋初的布朗山，天气依旧比较热，森林中遮天蔽日。不过，可能是中午的缘故，林中鸟儿很少，只见到灰卷尾、古铜色卷尾、赤红山椒鸟、白喉冠鹎等寥寥数种。

不过，阴湿的山路边的两种野花倒是吸引了我的注意。其一，是某种秋海棠，前几天在章朗村也曾见过。它那暗绿色的叶子近心形，贴近地面；暗红的花葶从地面抽出，长度可超过 10 厘米；花葶顶端绽放着小花，花被片（因无法分辨是萼片和花瓣，故称之为花被片）两两对生，粉色，近乎透明，十分娇柔，仿佛吹弹可破。其二，是光萼唇柱苣苔。这是一种属于苦苣苔科的野花。淡紫的花呈筒状，上面还留着

白喉冠鹎

秋海棠属野花　　光萼唇柱苣苔

雨水，特别清秀可人。这个科的野花，在宁波也有若干种，我都十分喜欢。

下午到了布朗山乡乡政府所在地后，还是住上次的阿兰宾馆。我对老板娘说：“‘五一’的时候我来住过。”她说：“你一下车，我就认出你了。”我问老板娘，在她印象中，这附近哪儿鸟比较多？她指了指旅馆对面的山，说：“你沿着前面的路进山，大概开车三四公里，路边的森林中鸟不少。”我知道，这条路是经老曼峨、班章村通往勐混镇、勐海县城方向的，不过我以前没有走过。

稍事休息后，我就驱车前往老板娘指点的地方找鸟。说实话，盘山公路旁的林子虽然比较原生态，但鸟并不多，只看到若干常见的鹎类，还有黑卷尾、柳莺、绣眼等鸟儿。

这里值得唠叨几句的是绣眼这种鸟。此前，我在浙江看到的主要是暗绿绣眼鸟，这也是国内分布最广、最容易见到的绣眼鸟。后来看《雨林飞羽：中国科学院西双版纳热带植物园鸟类》一书，书中说在西双版纳，暗绿绣眼鸟与灰腹绣眼鸟这两种高度相似的绣眼都有分布，还说“但是如果你追问这两种鸟的区别，那可就尴尬了，因为即使是观鸟多年的高手也不一定能准确分辨它们”。因此，每当我在勐海看到绣眼，首先都将它作为暗绿绣眼鸟处理。这次在布朗山见到的那群绣眼，也不例外。当时，正值夕阳西下时分，两只相亲相爱的绣眼在树枝上紧挨在一起，耳

灰腹绣眼鸟

鬓厮磨，俨然是一对恩爱的小两口。

直到我写这篇文章时，仔细阅读刚收到的、出版于 2021 年 1 月的《中国鸟类观察手册》时，才惊讶地发现，若按照这本书所提供的国内的绣眼的分布图，在西双版纳并没有暗绿绣眼鸟分布，也就是说，除了不难识别的红胁绣眼鸟，在西双版纳所见的绣眼应该都是灰腹绣眼鸟。此时再回过头来检视在布朗山见到的那一对绣眼，确实它们的外观更符合灰腹绣眼鸟的特征：①白色眼眶下面较多的黑色部分；②腹部中央有明显的黄色轴线。

当晚，在宾馆房间里整理照片时，忽然听到，从窗外的远处某个地方，传来了轻柔而清晰的“嘟……嘟……”声，这声音每隔几秒一声，很有穿透力。我高度怀疑这是黄嘴角鸮（一种隐蔽性很强的小型猫头鹰）的鸣叫声。我在宾馆住了 3 个晚上，每晚都是它那优雅的“口哨声”伴我入眠。

东西两头随意闲逛的一天

10 月 3 日早上，大雨下得哗哗响，快中午的时候才完全停了。9 点多，见雨势减弱，我先往西边开车，前往布龙州级自然保护区核心区方向找鸟。

连绵起伏的山峰，从脚下一直延伸到无穷的远处，重峦叠嶂，都掩映在洁白的云雾中。路边的电线上停着一只鸟，举起镜头一看，没想到是黑枕黄鹂！“两个黄鹂鸣翠柳”，诗中说的就是这种鸟。眼前的它，胸前有很多黑色的纵纹，这表示它还未成年。忽然，黄鹂飞走了，它刚刚站立的位置，神奇地替换成了一只蓝黑色的鸟，蓝矶鸫！原来，

黑枕黄鹂

栗背伯劳

正是这冒冒失失的蓝矶鸫突然飞了过来，把黑枕黄鹂吓跑了。

附近的田野里，沼泽大苇莺快乐地鸣唱着。稍远处的电线上，有一只栗背伯劳在细雨中梳理着羽毛。两只羽色暗淡的鸟，停在电线杆的顶端，原来是灰头椋鸟，跟华东地区常见的丝光椋鸟略有相似。我以前还没有拍到过这种椋鸟呢。后来，在其他地方，我看到成群的灰头椋鸟聚集在一棵树上吃果实。

不久，又拍到了一只停在电线上的山斑鸠。山斑鸠在华东很常见，

灰头椋鸟

山斑鸠

不过在勐海我还是第一次见到。到了保护区的核心区，反而没见到几种鸟，只有蓝翅希鹛、黑冠黄鹎、灰眼短脚鹎、大山雀之类常见鸟，值得一记的倒是见到了绿翅短脚鹎。跟山斑鸠一样，这是一种分布很广的鸟儿，不过在勐海我也是第一次见到。另外，两次见到一种盘尾（小盘尾或大盘尾，还是不能确认）拖着长长的尾巴快速掠过，眨眼就进入密林，不见了踪影，因此都没有拍到，十分遗憾。

鸟虽拍到不多，但这一带的漂亮野花可真是多。这一天又拍到了三种特色野花。其一，附生在树上的大花芒毛苣苔。这也是苦苣苔科的野花，花色特别艳丽：花朵呈长筒状，花冠为橘红色，裂片上有暗紫色的条纹，雄蕊明显伸出于花冠之外；其二，钩吻，这种植物的花朵虽然明艳，却是有名的毒物，有“断肠草”

绿翅短脚鹎

之称；其三，蜂斗草，属于野牡丹科的野花，花型也很有辨识度。

中午返回乡政府所在地时，我被疫情防控点的工作人员拦住了。前两次经过这个卡点时，只要我说明情况，并展示健康码绿码，就可以顺利通过。谁知，这一次，有个工作人员怎么都不让我回去，说需要乡里出具的通行证才行。无奈，我和布朗山乡乡政府的宣传委员徐先生取得了联系，说好下午去乡政府开个通行证。这样，我才被放行。

大花芒毛苣苔

钩吻

蜂斗草

午饭后，在街道旁见到一群刚洗过澡的斑文鸟。其中一只站在路边的铁丝网上，使劲甩动身体，羽毛竟如花瓣一般绽放，使得这最平常的小鸟展现出了惊人的美。

下午，顺利在乡政府办好通行证（即证明我是来勐海“公干”，是“安全”的，而非可疑的来自境外的偷渡人员之类）。然后，我便往东开车，往东数公里，到了勐囡寨子附近的百丈崖瀑布。这个瀑布隐藏在森林里，落差大，水量大，非常有气势，是我在勐海见到的最好看的瀑布。我原指望在瀑布下面的溪流中看到水鸲、燕尾之类的鸟，可惜没有找到，不过在水边又看到了不少盛开的光萼唇柱苣苔。

惜别布朗山

10月4日凌晨，听到外面又是哗哗的大雨声。好在早饭后天气就迅速转好了，于是又开车往西边走，继续在穿过布龙州级自然保护区的公路两边边找鸟边看风景。

山谷里，村民还在收割稻子。这里的秋收算是比较晚了，勐海其他大部分地方，这项劳作早已完成。好多蛱蝶停在农人搁在摩托车上的外套上，这件外套似乎被泥水弄湿过，因此吸引了不少蛱蝶来吸食。顺便说一下，这一带的蝴蝶可真是多，而且特别漂亮。这两天我随手就拍到了红锯蛱蝶、报喜斑粉蝶、大绢斑蝶等好多种。

暗绿的寒蝉在树上大声鸣唱，我刚找到它，拍了一两张照片，警觉的它就飞走了。路边的树干上，有一个巨大的蜂巢，无数的野蜂聚集其上，像是一个黏附在树上的暗色的沙包。忽然，惊喜地发现，溪流对面的大树上，居然有盛开的金色兰花，是一种石斛！这段路我在前一天已经往返观察过一次，当时竟没看到它。这株石斛附生在阴湿的树干上，茎下垂，绿叶互生于茎的两旁，十余朵花挂在茎的末端，花朵金黄，

报喜斑粉蝶

大绢斑蝶

赤红山椒鸟（雄）

唇盘上有一对深栗色的斑块，好似脸颊上涂了很浓的胭脂。后来查明，这是束花石斛。

橙腹叶鹎（雄）

一群赤红山椒鸟活跃在枝叶间，黑红的雄鸟、金黄的雌鸟，在绿色的雨林中特别显眼。一只同样鲜艳的橙腹叶鹎出现在前方的树枝上，它扭头注意到了我，瞬间又消失了。我感觉这区域鸟儿不少，就索性在路边静候。果然，没多久，一只背部栗红色、具有蓝色冠羽的鸟儿出现在林子边缘的电线上，哈，原来是寿带！

寿带

绿翅金鸠

寿带飞走之后，一只鸟从我身边飞过，钻进了林子，最后停在穿过密林的电线上。尽管它被严重遮挡，但我还是拍到它了，是绿翅金鸠！寿带和它，对我来说，都是第一次在勐海拍到呢。后来，在其他地方，我才拍到了没有被遮挡的绿翅金鸠的照片。

这里必须得记录一件暖心事。下午，我背着摄影包正吭哧吭哧地在山路上边走边找鸟，忽然有一辆摩托车从我身后驶来，然后在身边停了下来，原来是一位当地妹子，脸圆圆的，肤色黝黑。她问我：“你去哪里呀？我可以带你一程。”我一愣，真的十分感动，我知道她是看我背着行李走路辛苦，因此想帮我。我忙说：“不用不用，我在拍鸟呢。”姑娘笑了笑，走了。

10 月 5 日上午，又是倾盆大雨，到 10 点多才小了点。于是，我驱车离开布朗山，途经老曼峨、班章村，到了勐混镇。

有惊无险的旅程

当日下午，在勐混坝子里拍鸟，收获不错，看到了近 20 种鸟，如钳嘴鹳、黑翅鸢、灰头麦鸡、白鹭、池鹭、灰卷尾等。这真的是一片生机勃勃的田野！

值的一提的是，在一块水田里，拍到了扇尾沙锥和白腰草鹬这两种鹬科鸟类。而在当年 12 月，我又在这里拍到了林鹬。勐海境内多山地，少有浅水湿地，因此要见到鹬科的涉禽并不容易。当然，扇尾

白腰草鹬

林鹬

扇尾沙锥

沙锥在田野里其实是很多的，但由于它具有很好的保护色，因此我以前在勐海通常只见到被惊飞的鸟，而没有拍过安静地觅食的扇尾沙锥。

傍晚，在曼蚌村寨子旁边的田野里拍鸟，看到好多牛背鹭停留在牛群周边，有的还站在牛背上。不久，一个村民挥舞着竹竿赶牛上岸，顿时鹭鸟惊飞，牛群狂奔，泥水四溅。

当我在观察大树顶上的钳嘴鹳的时候，忽然一位傣族老人过来跟我聊天，说这些大鸟（钳嘴鹳）的习性如何如何（其实他不大会说普通话，我只是大致猜到他在说什么）。然后，不由分说，一定要拉我

牛背鹭

白斑黑石䳭（雄）

到他家吃饭、干酒。我实在没法推却这份热情，就进去了，菜吃了几口，酒没有干，因为要开车。

当晚住在勐遮镇上。次日上午，在附近田野里找鸟，拍到了吃稻谷的斑文鸟、捕捉飞蛾的白斑黑石䳭，以及捕到了青蛙的牛背鹭，见到了还在孵卵的小䴙䴘（估计是当年繁殖的第二窝了）。然后，在参观了属于全国重点文物保护单位的景真八角亭之后，途经勐海县城，此后没有按照常规走国道，而是穿过格朗和乡，前往景洪，结束此次勐海鸟类调查。走这条路，主要是考虑到还有时间，因此想不妨多历经勐海的土地，多看看沿途的风景与鸟。

到了格朗和乡乡政府后，我也没有走南糯山村这条上次走过的路线，而是选择了途经帕真村，再前往景洪。过了帕真后，见田野风景如画，忍不住停车欣赏了一会儿。这时，注意到远处的电线上停着大群的斑鸠，举起镜头拍下来一看，原来是火斑鸠。

一直沿着山区小路走，导航显示只要再行驶数公里，就可以到达国道。当时，我注意到路边有块警示牌，上面写着：前方路面损毁，请勿通行。我暗想，这个时候如果掉头，再由南糯山而到国道，意味着要绕行几十公里路呢！于是，不理这个警示，继续前行。一路顺利，正庆幸之际，刚拐过一个弯，顿时傻眼了。眼前有一段二三十米长的路面，不是堆满了滚落的大石头，就是一片令人惊恐的烂泥浆！我估摸了一下，我的车又不是越野车，是通不过这片泥浆的，十之八九会陷在里面动弹不得。

没办法，虽然心中有一万个不情愿，我还是只好老老实实掉头。刚把车子掉好头，忽见后面来了一辆车，我下车，仔细看这车是怎么通过泥浆路面的。这辆车的底盘高度比我的车略高，驾驶员是个约 30 岁的男子。但见他将轮胎小心地置于烂泥的高处，并不怎么费力就通过了。我问他：你看我的车过得去吗？他说，小心一点，应该也可以的。

于是，我横下一条心，重新调转车头，学着他的样，驾车驶入了烂泥中。我握紧方向盘，始终轻踩油门，尽管心跳骤然加剧，但我居然也顺利通过了！在重新驶上坚实的水泥路面的瞬间，我又是高兴又是后怕，觉得身子都有点软了。

从纳板河到“天鹅湖”

2020 年 12 月，来勐海进行第六次鸟类调查，与 2019 年 12 月的初次调查刚好隔了一整年。时间啊，过得可真是快！这次来西双版纳，我有三个目的，因此行程也跟前几次调查都不一样。这三个目的分别是：①去勐腊县的勐仑镇考察当地新兴的“鸟塘”经济，我想或许会对勐海有参考价值；②寻找、拍摄吃树上果实的鸟类，重点是斑鸠；③到勐海境内的水库进行冬季越冬水鸟调查。

因此，12 月 5 日至 7 日这三天，我都在勐仑镇，收获颇丰，基本上跟预计的差不多。不过，关于这一部分的故事与思考，暂不在这里叙述，而附在本书的最后。12 月 7 日晚，我从勐仑镇回到景洪市区，住了一晚后，于次日上午驾车前往纳板河流域国家级自然保护区。接下来的行程，有失落，有丰收，更有惊喜，总之完全是我事先所想不到的。

重访纳板河的“神树”

12月8日上午，跟上次到勐往乡一样，我没有走大路，而是走山区小路前往纳板河保护区。但没想到，沿线有多处地方在修路，我要么绕行，要么就遭遇大堵车，排长队，依次小心通过，比原计划多费了一个多小时，于中午12点左右才到达熟悉的过门山管理站。小黑和老灰，这两只狗看到我很是高兴，赶紧围了过来。老灰实在老得不行了，背上大部分毛已经脱落，小黑也似乎比以前瘦了一点。我赶紧拿出买好的几根火腿肠，分给它们吃。

之后，我沿着通往澜沧江的山路往下走了近两公里，但没见到几只鸟，于是返回过门山管理站。然后驾车沿着通往南果河村的公路，到了一年前拍到大量鸟类的“神树”旁。先用望远镜一看，奇怪，树上竟然一只鸟都没有！走近细看，原来这棵绿黄葛树上竟然没有结任何果实。我深感诧异，回想起来，2019年12月中旬在这里看到这棵树上全是果实，因此引来了二三十种鸟前来“就餐”。这次我过来，只不过比一年前早了一周而已，照理也在果期呀——除非今年这树没有结果。

无奈，只好在附近走走。褐脸雀鹛在树丛深处鸣叫，灰眼短脚鹎在啄食果实，一只巨松鼠在树冠层闹出了很大的动静，但转眼不见了踪影……总之都是些熟悉的老朋友。忽听前方传来一阵粗哑的鸟叫声，声音有点像棕背伯劳，走过去用望远镜一看，原来是一群钩嘴林鵙。鵙，发音同“局”，古文中指伯劳（因为伯劳的叫声如同“局局”）。不过，钩嘴林鵙并不是伯劳科的鸟，

钩嘴林鵙

但由于比较像伯劳——比如都有黑色眼罩、叫声也类似——因此“挂名”为鵙。

吃了点干粮当午饭，在车里小憩了一会儿，决定前往勐阿镇的贺建村。事先，冯主席已经帮我打听过，当地村民说贺建村的山路边有几棵树，目前还挂着不少野果，引来斑鸠等不少鸟儿来吃。既然纳板河的“神树”上没有鸟，我决定马上到贺建村去。

说起来很有意思，过门山管理站位于勐海县的勐宋乡境内，与勐往乡的南果河村相隔很近；同时，只要翻过山，也可很快到达勐阿镇的贺建村。于是，我调转车头，往山顶方向开，经小糯有上寨后，拐弯前往贺建村方向。这里属于保护区范围之内，狭小的公路两旁大树林立，郁郁苍苍。临时停了一会儿车下来找鸟，看到一对蓝翅希鹛躲在枝叶深处梳理羽毛，又见到一群小鸟在茂密的林子里活动，一开始看不清楚是什么鸟，等了好一会儿，才见到一只鸟跳了出来，啄了几口某种

黄颈凤鹛

果实，马上又飞走，寻找它的伙伴去了。我拍到了这活泼可爱的小鸟，原来是黄颈凤鹛。这是一种生活在较高海拔的山地森林中的小型凤鹛，以前在滑竹梁子的高山上也曾拍到过。

“糖撩果”与甘蔗花

然后一直下山，下午 4 时许到了贺建村。一群黑色的牛在收割过的梯田里觅食，一只胆大的灰林䳭雌鸟停在离我很近的小树顶上，不过我无心多看。勐阿镇的李海荣先生事先已帮我联系了一位村干部，让他为我带路去找野果。这位村干部姓江，热情的江先生一眼就认出了我，说我一年前来过贺建村。他带着我，又往前行驶了数公里，在路边的一块空地上停了车。

江先生指了指路边山坡上的几棵树，说：“最近常有鸟儿来这里吃野果。”我抬头一看，果然，树上挂满了黄褐色的圆圆的果实，把枝条都压低了。爬到山坡一看，里面还有更多的这样的树。站一旁等了一会儿，不见鸟儿来吃。我问江先生这是什么果？他说只知道方言叫“糖撩果”（撩，念第一声），是一种野梨，可以嫁接到人工培育的梨树上。这里补充一句，回宁波后，冯主席告诉我，所谓“糖撩果”，就是“棠梨果”。我想这应该是对的，棠梨，是豆梨的一个俗称，在云南有分布，果实很小，果熟时常吸引鸟类来吃，故还有一个俗名叫“鸟梨”。

江先生说，根据村民的观察，通常早上8点左右会有比较多的鸟来吃，建议我第二天一早过来守候。

作别江先生，我驾车前往勐阿镇，打算在镇上的旅馆过夜。到镇上需要一小时车程，反正时间还早，离开贺建村，途经勐康村下纳懂村民小组时，忽见这里的河边开着大片大片的某种禾本科植物的花，不是荻不是芒，只能说是一种高大的“茅草花”。我觉得很奇怪，心想若是野生的植物，怎么会开得如此整齐规整？停车，隔着河看了一会儿，忽然想：莫不是甘蔗花？但自己也被这个念头惊到了，吃了几十年甘蔗，从未见过甘蔗开花呀！

刚好有村民经过，一问，还真是甘蔗花！当时我不禁哑然失笑，看来自己真的是“少所闻而多所怪”了。后来上网查了一下，甘蔗自然是会开花的，其花序为典型的圆锥花序，但据说种植于较高纬度地区的甘蔗通常不开花。而且，由于植株开花会消耗大量养分，导致含糖量下降，因此种植户通常会在甘蔗开花前进行收割。

拿望远镜往脚下水流甚急的河里一看，忽见河中央一块石头上有一只蓝黑色的小鸟。只见它腾空而起捕食，抓捕飞虫。哈哈，这不正是红尾水鸲的雄鸟吗？这种鸟在浙江的山区溪流中很常见，但在勐海，我还真是第一次见到。看来，这算是一个不大不小的收获。

红尾水鸲

次日清晨 7 点不到，我就驾车离开了旅馆。此时尚未日出，天色墨黑。我在路边吃了碗米线，然后直奔前一天所见的“糖撩果”树。7 点半左右，天色才变得蒙蒙亮。8 点整，到了树下。躲在车里观察了好久，除了见到几只灰腹绣眼鸟在树上停留了一会儿，没见一只鸟过来吃果实。后来，在附近又找到一棵挂满果的树，而且观察位置更好。可惜，又等了很久，还是没见鸟来。眼看一个上午很快过去了，只好“撤退”。观鸟就是这样，很多时候可遇而不可求，也没办法。

途中又在下纳懂村稍作停留，拍了一会儿红尾水鸲（还是只见一只雄鸟，未见雌鸟）和漫天飞的斑腰燕，就到勐阿镇上吃午饭。饭后，前往勐邦水库。中途顺路拐到以前去过的勐翁村方向，这次没有再遇见红梅花雀，不过拍到了一只银耳相思鸟。可惜的是，跟上次在勐宋乡的雾中的高山上一样，还是没有拍好这种特别漂亮的小鸟，只是模糊的定格。

下午 4 点半，终于到了勐遮镇的勐邦水库。

“天鹅湖”上野鸭飞

勐邦水库，是勐海境内面积最大的水库，群山环抱，风光秀丽，在当地素有“天鹅湖”之称。此前的鸟类调查中，我已经多次来过这里，这次重来，主要是看看有没有越冬的水鸟。

在水库大坝上，远远看到两个渔民分别摇着一艘小船靠近岸边。等他们上岸后，我上前打听，问水库里有没有野鸭。第一个人说：“以前冬天有野鸭的，但今年没有见到，只有一些小水鸟，它们会潜水。”我有点失望，知道他说的会潜水的鸟是小䴙䴘，一年四季都在湖面上游荡的。但我不死心，又问了稍后上岸的第二位渔民。他说：“野鸭子很多的！但附近的水面上没有，那座山的后面有。”

我知道他说的位置，谢过之后，赶紧发动汽车，沿着湖边公路往前开。在离勐邦村民小组还有几百米的时候，我又临时停了一下车，走到水库边去看看。在刚收割过的甘蔗地旁，用望远镜往南边的开阔水面

勐邦水库的湿地环境

上搜寻。一开始只看到一些小䴙䴘，后来终于在更远的水面上看到一长排的黑点，从其轮廓来看，是野鸭无疑！而且，其数量众多，足有几百只。

大致判断了一下，从勐邦村民小组附近走到水库边，有望接近这些野鸭。于是，开车到勐邦村民小组附近的田野旁停车，拿了器材就往湖畔走去。此时太阳西斜，橙色的光线变得越来越柔和。一只黑喉石䳭站在身边的一根斜拉绳上东张西望，寻找虫子，一会儿又突然飞起，停在枯草的顶端。空旷的田野上空，带着黑色"头罩"的棕背伯劳也高踞于电线上，一副很酷的样子。走到湖边的小树林，听见林中鸟叫声甚是喧闹，忽然抬头看到几只灰头麦鸡就站在岸边。稍稍靠近一点，

黑喉石䳭

棕背伯劳

灰头麦鸡

它们便惊慌失措地飞走了，连带着不远处的一群牛背鹭也一起飞了。

绕过小树林，才注意到这里也有很多株棠梨树。红耳鹎、灰腹绣眼鸟等在树上跳动、鸣叫。不远处的水面上，一群小鸊鷉在悠游，但没见到野鸭群。于是，我沿着湖岸往寨子方向走，走着走着，伴随着一声尖叫，前面两三米处的矮草丛里突然飞出一只褐色的鸟，眼看着它慌里慌张地飞到不远处落地，又隐没在了草丛里。这样的情况，连续遇到了三四回。这是扇尾沙锥。这家伙的习性就是这样。先仗着自己的保护色好，隐在枯草里一动不动，实在被逼急了才会起飞。

穿过勐邦村民小组的寨子，重新来到湖边。从寨子的边缘到水边还有一百几十米，都是农田。由于水位较高，最贴近湖水的那块田浸在水里。从望远镜里可以看到，野鸭群就在离岸不远的水面上。用超长焦镜头拍下来，放大细看，大致可以辨认出有绿翅鸭、白眉鸭、斑嘴鸭等。

白尾鹞

很快，夕阳已经坠落到湖对面的山头，即将隐到山背后，因此光线越来越弱，野鸭们在金色的水面上浮浮沉沉。而我，独坐在水田中央的一个竹筏上，静静地欣赏这一切。

当晚住勐遮镇上。第二天，即 12 月 10 日，上午大雾。直到 10 点半左右，雾气才慢慢消散。我再次驱车前往“天鹅湖”畔。有趣的是，在湖畔公路上，见到前方的树枝上挂满了粘着晶莹的露水的蜘蛛网，简直觉得自己开进了《西游记》里的盘丝洞。

随着雾气越来越淡，远处的湖面露出碧蓝的一角，对岸的森林在缥缈的雾气中若隐若现。我举起双筒望远镜，扫视前方，忽然，一个灰褐色的身影从左边闯入视野，它优雅地低掠过湖畔的灌木与草丛，两翼有时平展，有时高举成深“V”形，忽然向下扇动，灵巧地一个翻身，向下扑去……

就在这只白尾鹞扑击捕猎的瞬间，近岸的水面上像是炸了锅，大群的野鸭从水面上扑腾而起，迅速飞向远处。尽管隔了两三百米远，我依然仿佛听到了野鸭逃命时的鼓翅声，还有水花四溅的“哗啦啦”的声音。薄雾中，数百只野鸭翻飞于水库上空，往来穿梭，形成绝美的风景。

下午，又去湖边的树林及附近田野走走，记录到了戴胜、树鹨、白鹭、牛背鹭、红隼、黑喉石䳭、灰头麦鸡、白鹡鸰、白胸翡翠等很多鸟儿。准备离开的时候，忽见一个威猛的身影从远处飞来，越飞越近，原来就是那只白尾鹞，只见它低飞着掠过旷野，边飞边扭头观察，仿佛在巡视它的王国。

勐邦水库野鸭

猛禽的盛宴

2020 年 12 月 10 日，我完成了对勐邦水库的水鸟调查，顺便在湖边记录到了白尾鹞和红隼两种猛禽。能看到白尾鹞，我很高兴。但我事先绝对没想到的是，这只是一个开头，精彩十倍的赏鹰之盛宴还在等着我……

水鸟调查路上偶遇猛禽

12 月 11 日，离开勐遮镇，前往相邻的勐混镇，准备去勐海的生态水源保护地那达勐水库看看。事先我看过地图，这个狭长的水库被群山所环绕，周边植被很好，因此我猜测会有鸳鸯之类越冬。

当天上午，跟前日一样，还是雾气弥漫。我驾车穿过勐混镇的镇区，沿贺开线一路往东，只要经过勐混坝子的数里平畴，再上山，即可到达水库。10 点半左右，雾气已全部消散，我也进入了勐混坝子中间的公路。此前的春夏时节，我曾多次来这块田野观鸟，记录到钳嘴鹳、黑翅鸢、灰头麦鸡等很多鸟，对这里的环境非常熟悉。此次重回故地，但见这面积有若干平方公里的田野，大部分为空地，秋收后的稻茬依旧留在那里。有拖拉机在田里干活，刚犁过的沃土表面，有不少虫子露了出来，引来了数以百计的牛背鹭跟在拖拉机后面争食。

不知为何，我心中一动，决定临时停车看一下鸟。先用望远镜往后一看，立即看到在数百米外的田野上空，有只体型较大的黑色猛禽在盘旋。是鹰，还是雕？我顿时激动了起来，马上调转车头往回疾驰。估摸着差不多了，迅速靠边停车。刚下车，抬头一看，这只猛禽居然就在路旁的田野上空。赶紧拿起相机，对准，一阵连拍，这下看清楚了，是黑鸢！

黑鸢很好认，其全身几乎都为深褐色，翼下近“翼指”处有明显的白斑，更重要的特征是，其眼后的“耳羽”为黑色或深棕色，故又称黑耳鸢。以前，黑鸢和黑耳鸢被认为是两种鸟，而近年已合并为一个种，即统一叫黑鸢。黑鸢在国内广泛分布，在江浙一带，见到的黑鸢似乎以大型水域附近为多，如在千岛湖、杭州湾湿地、南京长江等地，经常可以看到它们俯冲捕鱼——不管是活鱼还是死鱼。

而这次在勐混坝子，所见到的黑鸢在广阔的田野上空盘旋，显然是在寻找老鼠。“草枯鹰眼疾”，说的就是这个场景。拍完这只黑鸢，我又举起望远镜往远处搜索，望见很远的地方也有一只黑鸢在飞，爪子上隐约“有货”。赶紧举起长焦镜头，刚按下快门，就在取景器里见到它的爪子上掉落一物。只见这只黑鸢高速俯冲，然后探出利爪，企图重新抓住，可惜它失败了，眼睁睁看着猎物从高空坠落到地面。我在相机屏幕上放大照片才看清楚：它弄丢了到手的老鼠。

“大鸶”高踞，三雕共舞

看完黑鸢的表演，我意识到这块田野里有“猛料”。于是干脆背着相机，拿着望远镜，往田野深处走去。农田中有很多电线杆，电线上停着好几只腹部白色的小型猛禽，不用说，这是我拍过多次的黑翅鸢。它们属于这里的优势群体，一年四季都可以看到。

啊，等等，在电线杆子顶端蹲着的那个大个子，又是什么猛禽？

它的块头很大，看上去就像是雄壮的“肌肉男”，从外形看，显然是一只鵟（音同“狂”），但其头部与胸部的羽色都很浅，近乎白色，与我以前见过多次的羽色以深褐为主的普通鵟很不同，而且也明显比普通鵟显得更强壮。总之，这只鵟的气质跟普通鵟不一样。

我举起镜头，将相机的取景器始终放在眼前，对准它，小心翼翼地在田间小路上挪动步子，走几步停一下，观察它的反应。最后，它有点不安了，突然振翅起飞。我也同时按下了高速连拍的快门，相机的智能对焦系统紧紧“咬”住了它，我清楚地看到了大鸟翼下的深色“腕斑”和大块的白色“翅窗”。我当时想，这应该是一只大鵟，在南方，远比普通鵟少见。当时觉得特别高兴，因为我以前没有拍到过大鵟。大鵟有多种色型，我所见到的是浅色型。显然，在勐海，它们都属于南下觅食的冬候鸟。

接连看到“猛货”，我更有信心了。于是往前开了一公里多，换个位置继续搜寻，马上看到在前方远处还有两只大型猛禽在高空盘旋，其平伸的翅膀轮廓跟前面的鸢、鵟都不一样，显得更加宽广，分叉的“翼指”也更加明显。这是雕！此时，我已经感觉到心在加速“砰砰”跳。

拍下来一看，第一只雕的翼下羽色以黄褐色为主，靠近“翼指”的地方有一块明显的浅色区域。而另一只雕，不论是背上还是翼下，都有明显的白色长条纹，嘴边的蜡膜（有些鸟的喙与头部之间有连接的柔软皮肤，称为蜡膜）为鲜黄色。初步判断，它们的基本形态与我原先在华东拍到过的几种雕都不一样，不禁心里暗喜：莫非是拍到了两种以前没有见过的雕？由于在野外，一时也无暇仔细查证。

很快发现，翅膀上有白色长条纹的雕有两只，它们有时会结伴降落到远处翻垦过的农田里。我又换了个位置，尽量从顺光的角度来观察。

忽然，田野上空同时出现了三只雕，它们彼此离得不远，其中两只更是紧挨着。但由于它们飞得很高，因此在取景器里也看不清鸟的动作细节。说实在的，那个时候特别兴奋，只知道拍摄“三雕共舞”的机会非常难得，因此光顾着一个劲地按快门了。

拍完大雕，我才想起当天的“正事”，即去那达勐水库进行水鸟调查。穿过坝子，往山里驶去，经过广别老寨、广别新寨，一路都是水泥公路。导航显示，只要再开七八公里山路，就可以到达水库了。谁知，一离开广别新寨，水泥路马上没有了，接下来的全是狭窄、崎岖的坑坑洼洼的山路，仅容一辆车通过。我硬着头皮，小心翼翼，终于有惊无险地来到了水库边。然而，结果令我大失所望，大坝附近的水面上一览无余，一只鸟也没有！有路过的村民说，更深处的水库末端会有一些野鸭。但车子无法通行，走路要走很久，我只好放弃。

傍晚的捕鼠表演

从那达勐水库返回到广别新寨，又饿又困，简单吃了点干粮，在车里躺了一会儿。用手机上网进行了查证，确认上午拍到了两只草原雕（即翼上有白色长条纹的）的幼鸟；至于另外一只雕，则很可能是白肩雕的幼鸟。这个结果令我兴奋不已。草原雕，从其名字就可知道，在国内主要活跃于北方的草原地带，不过，由于北方冬季酷寒，觅食困难，因此它们会往南迁徙，越冬于华南以及东南亚一带。

再来到山下的坝子时，已是下午 4 时许。再次用望远镜寻找猛禽，很遗憾，一只雕也找不到了。但让我惊讶的是，黑翅鸢的数量起码是上午的两三倍，共有近 20 只！有时，一段不长的电线上就停着五六只。

时近傍晚，啮齿类动物（这里主要是老鼠）的活动高峰也来了，因此引来了更多的黑翅鸢。

黑翅鸢抓着老鼠飞离

小巧灵活的黑翅鸢，有着血红的眼睛，眼神非常犀利。跟这块田野里另外一位小个子土著居民红隼一样，它也善于在空中振翅悬停，低头寻找猎物。黑翅鸢的捕食效率很高，在不到一个小时内，我起码看到 4 只黑翅鸢成功捕到了老鼠，然后就停在电线上，用双爪摁住可怜的小鼠，再用利喙一口又一口地撕扯鼠肉，大快朵颐。相较而言，红隼捕鼠的能力似乎稍弱一点，它们更善于捕食大型昆虫。

我“故伎重演”，举着镜头，对准一只正在享受美食的黑翅鸢，慢慢靠近拍摄。不过，这鸟儿警觉得很，边吃肉边瞪着我，一旦我接近到它难以忍受的距离，就立即抓着血淋淋的半只老鼠起飞，到百米外的电线上继续开吃。

不好意思再打扰人家，我识相地离开了，继续寻找上午所见的被我认为是大鵟的鸟。后来发现，这里应该有两只以上的鵟。它们通常在相隔不远的电线杆或电线上站立，有时两只一起飞落到田野中。

傍晚 5 点以后，如果在华东，天色早已黑了，而在西双版纳，由于时差在一个半小时左右，此时正是夕阳西下时分，橙色的光线十分柔和。忽然见到不远处的电线上多了几只黑色的大鸟，但不是猛禽，而是大嘴乌鸦！我在望远镜里看到，强悍的大嘴乌鸦竟敢结伙驱赶明显比它健硕的鵟。还有一只胆大妄为的大嘴乌鸦，竟故意飞到一只停在电线上的黑翅鸢旁边，还步步挨近，似在存心挑衅，后者十分生气，张嘴对着前者恐吓，但乌鸦毫不畏惧，继续靠近。黑翅鸢无奈，“惹不起，躲得起”，只好飞离。那只乌鸦竟起飞追赶！

大嘴乌鸦和黑翅鸢

白肩雕（左上）攻击草原雕

一块田野收获八种猛禽

当天晚上，把疑似白肩雕的照片发给国内有名的资深鸟友“七星剑”（钱程），果然得到了他的确认。另外，拍到的所谓“三雕共舞”，其实是白肩雕在攻击其中一只草原雕！

次日上午，即 12 月 12 日，在踏上归程之前，我实在难舍这块神奇的田野，决定再去看看。那天早上依旧大雾，雾散后，我在路边看到的第一种鸟是约 20 只钳嘴鹳。它们在蓝天上盘旋许久，才向远方飞去。

后来，黑鸢也准时飞来“报到”。黑鸢飞过之后，又迎面飞来一只深色的猛禽，拍下来一看：哈，原来是白腹鹞！

几只鵟也在，其中两只体型较大，羽色较浅；另有一只体型较小，为深褐色，远看近乎黑色，有可能是普通鵟，也可能是喜山鵟（喜山鵟原为普通鵟的一个亚种，后升为独立种）。另外，我还拍到了“白

红隼攻击棕尾鵟

不量力”的小个子红隼驱赶鵟的画面。黑翅鸢自然也在，只是数量比前一天大大减少了。而那几只雕，依旧不见踪影。

我还是满足了，到了清点劳动成果的时候了。在勐混坝子，我拍到了 8 种猛禽，它们分别是：黑鸢、黑翅鸢、“大鵟”、普通鵟（或喜山鵟）、红隼、白腹鹞、草原雕、白肩雕。前面 6 种为国家二级保护动物，而最后的白肩雕属于特别珍稀的鸟类，早就被列为国家一级保护动物。跟草原雕一样，白肩雕在冬季也会游荡到南方觅食，但罕见，国内拍到过这种猛禽的人很少。根据 2021 年 2 月公布的《国家重点保护野生动物名录》，草原雕也已由二级保护动物升为一级保护动物。也就是说，我在这里拍到了两种属于国家一级保护的鸟类！

如果加上在勐邦水库拍到的白尾鹞，则三天内在勐海至少见到了 9 种猛禽。勐混坝子为什么集中了这么多的猛禽？其实原因也简单，这块秋收后的原野，视野开阔，田鼠与昆虫很多，因此吸引了很多猛禽来寻食。此外，坝子周边群山环绕，也便于猛禽夜晚歇息。

另外，大家一定注意到了，前文我给“大鵟”这种鸟加了引号，那是因为，它的真实身份要 10 天后才揭晓。12 月下旬，我在家里写作时，为小心起见，再次翻书核对所拍到的猛禽的身份。那时，忽然对这“大鵟”产生了一丝疑惑，因为从图鉴的描述上来看，很难确认那是大鵟还是棕尾鵟。翻了好几本书，也上网搜了不少资料，但始终不得要领。最后还是把图片发给“七星剑”，请他看看是什么鸟。结果被他一语点破：不是大鵟，而是棕尾鵟。这两种鸟非常相似，从图片上看，两者最直观的区别在于，棕尾鵟的脚杆子[专业术语叫作跗蹠（fū zhí），指鸟类的腿以下到趾之间的部分]上没有毛，而大鵟有。

最后，还有一个让我特别高兴的消息。那就是，我回宁波后翻阅、对照《西双版纳鸟类多样性》，发现棕尾鵟与白肩雕都没有被记载在内。也就是说，我这次勐海之行，为西双版纳州增添了两个重量级的鸟类分布新记录！

棕尾鵟

樱花季的风情

我原以为，2020 年 3 月下旬那次来勐海进行鸟类调查，是在疫情防控的特殊时期出行最不容易的一次。哪知道，其实并不是，我七次专程来勐海进行鸟类调查，出来最难的，居然是最后一次，即 2021 年 1 月上旬的那一次。

当时正值寒冬，我国北方部分地区的疫情较为严重，因此全国各地都大大加强了防控手段，其中有一条，“非必要不出市、不出省”，特别强调“尽量不出省”，若一定要出省，则需要事先得到批准。这可真的让我犯难了，因为我早在 2020 年 12 月中旬就预订了宁波到西双版纳的往返机票。其实，机票倒也算了，大不了花点钱改签，但问题的关键是，勐海的樱花季不会等我呀！别说我把航班改到 2 月或 3 月，哪怕是改到 1 月下旬，樱花也已经没有了。我写《勐海观鸟笔记》，实在不愿意缺了美丽的樱花季、美丽的花鸟图。

好在，经过一番办手续，我终于还是如期登上了飞机。

花开正好：班盆老寨的拉祜族歌舞

1月初，我跟单位请了年休假。不过，跟以往所有请假不同的是，为了此次西双版纳之旅，除了请假单，我还得破天荒地写一个“出省申请”，附上详细行程（含具体航班），经单位领导批准，并在办公室备案之后，方能离开浙江。

1月8日晚上，安抵景洪嘎洒机场。出发的时候，刚好有寒潮影响，宁波最低气温在零下6℃左右，而一到景洪上空，飞机上播报：目的地的地面气温为24℃！我的天，我从滴水成冰的寒冬一下子飞到了暖风扑面的初夏！

那时，冯主席也跟我联系了。他说，由于最近勐海的疫情防控也很严，因此他已经为我开了一个证明，可以让我在当地通行时便于说明情况。尽管如此，他还是嘱咐我，这次来勐海进行鸟类调查，最好不要去打洛、布朗山乡、勐满镇等与缅甸接壤的边境乡镇。

我在机场旁取了事先租好的车，连夜赶到勐海县城。

次日一早，细雨蒙蒙。我和刘应枚女士、冯主席等一起前往勐混镇贺开村班盆老寨。我以为是一起上山去看樱花的，到了那里才知道主要是欣赏一场歌舞表演。到了班盆老寨，天气已转好，蓝天下，粉红的樱花处处盛开。寨子里的拉祜族姑娘们个个身穿节日盛装，花枝招展，喜笑颜开，娇嫩的容颜可以跟樱花媲美。

原来，此前几个月，勐海县拉祜学会在班盆老寨开展扶智工作，教村民们学习当家理财、搞好卫生，同时学习民族歌舞。而这一天，寨子里的姑娘小伙们将为客人们展示自己的才艺。刘应枚跟我说：“你恐怕都不会相信，半年前，这里的女孩子见到外人来到寨子，常会羞涩得躲起来，你看现在的她们，一个个都落落大方！”

大山雀

在演出开始之前，由于有较长的讲话议程，我就拿着相机出去找鸟了。还别说，常见小鸟还真不少：白鹡鸰、灰鹡鸰、树鹨、麻雀、家燕、黄眉柳莺、灰腹绣眼鸟、灰林鵖、白喉红臀鹎、大山雀等随处可见，较少见的有铜蓝鹟。后来，在寨门口附近的山路上，看到前方树顶的枯枝上有只小鸟在大声鸣叫，赶紧拍下来，一看，颇为惊喜，居然是绒额䴓！这是我第二次在勐海见到这种漂

绒额䴓

家燕

亮的小鸟，上一次见到它，是 2019 年 12 月，在纳板河流域国家级自然保护区。

转了一圈回来，寨子中央的歌舞表演开始了。演出场地之外，里三层外三层，或坐或站，全是凝神观看的村民。一旁的小屋里，柴火熊熊，大锅里在煮山药。一切，都让人感受到了过节的欢快、热闹的氛围。

一开始，我是带着好奇，在一旁观看、拍摄演出的。后来，在不知不觉间，我的心头涌起了一种感动。是的，这不是什么在现代化的精致场馆里进行的高档演出，而是在大棚底下的水泥地上进行的一场“山寨”歌舞。但是，无论是投入地演出的演员，还是投入地观看的观众，那些纯朴甜美的笑容，那富有民族特色的韵律，都不由得让我这个“外人”深深动容。我第一次知道，“山寨”在这里根本不是假冒、低劣的代名词，而是代表着乡土、乡情、温暖、温馨……

后来，一位老者——他是国家级非物质文化传承人——表演了拉祜族芦笙舞，边吹芦笙，边跳动着。音律与动作虽然不复杂，但我仿佛看到了千年以前的农耕社会里表现劳作、庆祝丰收的歌舞画面。

“我有嘉宾，鼓瑟吹笙。”这出自《诗经·小雅·鹿鸣》里的诗句，不正是在描写今天的场景吗？

云上漫步：从南本老寨到曼吕村

1 月 10 日上午，我和冯主席及他的朋友一起到勐宋乡三迈村委会所在的山里，计划去拍樱花和小鸟。哪知道，山上浓雾弥漫，不少地方能见度不到 50 米。找鸟是不想了，唯有打起全副精神小心开车。冯主席的车在前面，我跟在后面，在寨子中间狭窄的小路上绕来绕去，也不

夕阳下的云海

知道经过了多少个寨子，我们才到了南本老寨的老王家。

老王家海拔 1700 多米，刚好在云雾之上一丁点，因此四周的雾气明显变淡了。老王经营着一个“拉古茶坊”，主营自家古树茶。高山上气温较低，我们在厨房门口用火盆烤火取暖。老王指着身后的满树樱花说：“天气好的时候，常有很多小鸟在花丛中飞来飞去。”

午饭后，阳光微微显露。我拿起相机，到老王家后面的山路走走。穿过一段林中小路，眼前豁然开朗，前方是个茶园，也有不少樱花。走了一圈，见到的都是些寻常鸟类，如黄眉柳莺、灰腹绣眼鸟等。

下午 3 点多，随着雾气逐渐散尽，冯主席提议，开车到周边走走。于是，我们又进入了那如迷宫一般的寨子之间的小路。到了下面的寨子才看到，半山腰之下，依旧云遮雾罩，景色倒是很美。洁白的云雾，如大海的波涛，慢慢涌上前方的山林，到了一定高度后，又如退潮一般缓缓退下。

沿路找鸟，但没啥特别的收获。后来，来到了“曼西龙傣”这个寨子，在冯主席的朋友家休息一下。这里的云海更美。起初，云雾就在寨子下面涌动，但不一会儿就上来了，有如水位的上升，从低到高，逐渐“淹没”了房屋。几个男孩在空地上打篮球，没一会儿，他们的身影就在雾中变得若隐若现了。

返回老王家的路上，见夕阳挂在远方的山巅，橙色的光线染红了缥缈的云雾。此时，不知为何，我突然想起戴望舒的诗句（同时也是歌词）：我走遍漫漫的天涯路，我望断遥远的云和树……

晚饭后，冯主席和朋友返回县城，而我就住在老王家里。次日上午，我才作别热情好客的老王，从南本老寨出发，经曼西良、大安、蚌冈等村寨，前往曼吕村委会。由于沿途所经的山林植被都不错，我原指望可以随时找鸟的，然而，这雾气却比前一天还大，个别路段的能见度几乎为零，我都不敢开车。就这样，大多数时间，我都是在高山的云雾里龟速前进，到达曼吕村时已是下午 1 点多。

很神奇，曼吕村虽然处在一个山谷中，但没有被雾气所占据。然而，下午 2 点多，风突然大了起来，天气骤冷。我知道，强冷空气来了。此前，我已经看到当地气象台发的寒潮霜冻预警。当时，我觉得有点哭笑不得：自己刚从受寒潮影响的宁波来到处于热带的西双版纳，谁知又遭遇寒潮！这次影响西双版纳的冷空气确实比较厉害，事后我看到消息：1 月 12 日清晨，勐海县城最低气温为 4.2℃，各乡镇中气温最低的是西定乡，只有 0℃，而在高山上的曼西良电视发射台一带出现了结冰现象。这样的低温，在勐海是比较少见的。

11 日下午，在冷风中，我在曼吕附近转悠，没想到还是拍到了不少鸟。田野里的溪流边，白顶溪鸲一闪而过。在高空，一只红隼凌风振翅悬停，寻找下方荒野中的猎物。棕背伯劳停在电线上左顾右盼，似乎也在为填饱肚子而发愁。远处，另外一只待在电线上的伯劳吸引了我的注意，因为它的背部颜色很暗淡，显然不是棕背伯劳。走近一看，才确认是灰背伯劳。这是我第二次见到这种伯劳。上次见到它，是 2020 年的春末，在勐宋乡乡政府附近的田野里。

樱花中的小鸟也不少，其中的主角自然还是绣眼鸟，通常就是本地优势种灰腹绣眼鸟。不过，凡事不可大意，幸好我还是仔细拍了。回放照片一看，赫然见到它们的胁部都有一抹栗红。这特征太显著了，原来是红胁绣眼鸟！这还是我第一次在勐海见到。没想到，无意中又“加新”了。红胁绣眼鸟繁殖于北方，秋天南迁，我以前于迁徙期在华东拍到过。西双版纳是这种小鸟的越冬地。

不久，在另外一棵樱花树上，我又见到了一群红胁绣眼鸟。同时还拍到了红头长尾山雀。这种仿佛戴着“京剧脸谱”的可爱小鸟非常萌，常成群结队在树上觅食，边跳跃边发出细弱的“唧唧”声。

烟雨樱花：从曼吕村回县城

来曼吕之前，冯主席已跟村支书杨先生说好，让我当晚住他家。虽说很不好意思，但这地方周边确实没有旅馆，因此在傍晚跟杨支书打了电话。晚上，在杨支书家吃火锅，一起吃的还有几位驻村扶贫干部。晚饭后，大家围在厨房一角烤火、聊天、嗑瓜子、吃花生，其乐融融。

这次到勐海拍鸟，没想到会和当地人一起围炉夜话，感受到了浓浓的“火塘文化”。勐海县大部分地区处在较高的海拔上，

红胁绣眼鸟

红头长尾山雀

到了冬季，山里气温会相对低一些，因此很多人喜欢烤火。

烤火的方式有两种：一是户外的火盆，里面盛了炭火即可，有时更简单，直接把木柴放在铁架上燃烧；二是室内的火塘，那是一个专门用来生火的区域。在勐海的寨子里，好多人家都有火塘。这火塘相当简陋，最多是在地面上用水泥围出一个小塘，里面放上铁架，即可放上枯柴燃烧。铁架上可以放水壶、铁锅，烧水、炒菜都很方便。另外，火塘之上的屋梁上，通常挂满了腊肠、腊肉，任其烟熏火燎，烘干水分，使之变成喷香的美味佳肴。

在场的一位驻村干部说，这里火塘文化盛行，是很值得关注的现象。他说："一、火塘具有取暖、烧水、熏制腊肉等功能；二、一直以来，少数民族寨子里的房屋以木结构为主，火塘经常生火可有效避免木头受潮和被虫蛀，甚至能驱鼠；三、到了冬天，人们围在温暖的火塘边聊天，也有利于彼此间交流感情。"

确实，我挺喜欢坐在火塘边和人聊天，或者，只是一个人看着蹿动的红红的火苗发发呆——这种温暖又温馨的感觉，实在很美妙，比待在空调房间里舒服多了。那天晚上，杨支书家的猫咪一直偎依在我脚边，和我一起享受"冬天里的一把火"。

后来，我跟大家说，明天如果天气还行的话，我想再去爬一次滑竹梁子，看看冬天的版纳之巅是什么样子的。杨支书说，其实，从曼吕村的贺南老寨，就可以直接上山到达山顶，但是路比较陡峭。听杨支书这么一说，我马上想起刘华杰老师在《勐海植物记》里说的，他当初从坝檬村上山，到了山顶后没有原路返回，而是走了另外一条小路下山，结果到了山下一看，已经离坝檬村很远。如此说来，刘老师下来后，很可能是到了贺南老寨。

当晚，受冷空气影响，风雨不曾消停。1月12日上午，依旧雨雾蒙蒙，天气颇冷。我告别杨支书，离开曼吕村，经贺南老寨，然后右拐，沿着盘山公路往坝檬村方向开。一路上，看到的鸟最多的是两种，即树鹨和灰林䳭。雨忽大忽小，随处可见盛开的樱花，居然还有小群的灰腹绣眼鸟在雨中的樱花丛中觅食。恍惚之间，我仿佛不在云南，而是身处4月江南的杏花烟雨里。那种清丽婉约的意境，真的是一样的。

穿过蚌龙村，到了坝檬村，雨虽然停了，但抬头一看，雄伟的滑竹梁子的上部依旧处在很浓的云雾之中。我只好打消了登顶的念头。随即开车下山，经勐宋乡乡政府，然后前往勐海县城。

灰腹绣眼鸟

到了曼方小学附近，路边的池塘上空有很多家燕。忽然，我注意到路边田野里的电线上有一群黑领椋鸟——这可是我在勐海未曾见过的鸟！赶紧下车拍摄。随即发现，在这十几只黑领椋鸟中间，居然还混着一只紫翅椋鸟！也是在勐海头一次见！开心，没想到在路边还能随手“加两个新”。

紫翅椋鸟（上）与黑领椋鸟（下）

坝子上空的争夺战

2021年1月12日下午，从勐宋乡曼吕村回到勐海县城，看看时间还早，我就琢磨着再去勐混坝子看看，一个月前的“猛禽的盛宴”是否还在。到了那里，已是下午3点多，天气依旧阴沉沉的。受冷空气影响，旷野中的风很大。我在田野里行走找鸟的时候，竟然觉得手冷，总想插到口袋里取暖。来勐海那么多次，还真是第一次有这样的寒冷感觉。

活跃在坝子上空的，黑翅鸢依旧是绝对多数，有近10只，另外见到红隼两只，草原雕、棕尾鵟、黑鸢各一只。由于冷风比较强劲，因此猛禽们的捕食欲望似乎也不强，多数时候只是懒洋洋地停在电线上。天很快暗了下来，我也就没多拍，便返回县城了，打算次日再来。

事实证明，由于一连串“英明”（此处请原谅我的洋洋得意）的决定，接下来的1月13日又是一个精彩的丰收日。

意外又“加新”

且说 1 月 12 日傍晚，我从勐混坝子沿国道返回县城，注意到在坝子的最北端的山脚下有不少养鱼的水塘，当时就感觉那块区域“有戏”。次日上午，风明显小了，天色尽管还是有点阴，但阳光已经在云层中若隐若现。到了山脚，我便左转，先到鱼塘一带看看。

好几只黑卷尾在塘边的电线上排成一排，不时飞扑到水面上空追捕飞虫。岸边，还有十几只牛背鹭与白鹭，它们也在忙着觅食。家燕也不少，在空中优雅地低掠。忽然，又来了一只翠鸟，它也站在电线上盯着水面，但识相地跟黑卷尾保持了一段距离，似乎也知道惹不起它们。

继续前行，看到路的左侧有水库的大坝，而右侧是水田，田里的水浅浅的，尚未种上任何作物。先用望远镜搜索了一下田野，见到了白鹡鸰、黄鹡鸰、白腰草鹬、灰头麦鸡、翠鸟、家燕、纯色山鹪莺等不少常见鸟。

再走到路对面的浓垒水库的坝顶，这是一个依山而建的小水库。坝内侧的水面上有不少水草，起先只看到一只白鹭，我并不在意，继续往前走。白鹭被惊飞了，忽见又有一只鹭跟着飞了出来，一眨眼就飞远了。第一感觉，这只鹭的体型很小，羽色略深。莫非是绿鹭？我暗想。

于是，我沿着水库左侧的小路，向深处走去。沿路见到了灰腹绣眼鸟、灰头鹀、褐柳莺、黄眉柳莺等不少小不点，忽然有一只褐翅鸦鹃惊慌失措地从我眼前飞了起来，我只看到一个红色的背影迅速消失在了远处的茶树丛里。估摸着已经走到了那只小鹭落脚的地方，我小心翼翼地走到了水库边。果然，它其实就待在一旁的水草里，只是由于保护色太好，因此我没有及时发现它。后来，还是在它飞起来的时候，我才抓拍到了它，果然是绿鹭！绿鹭是中国常见鹭鸟中的小个子，仅比黄斑苇

绿鹭

白鹭捕鱼

鳽（读“铅”，一说读作“研”）略大一点。在华东，绿鹭是夏候鸟，在勐海或许是留鸟吧，不过我还是第一次见到。

回到村道上，穿过曼派、曼养贯等寨子，眼前忽然一亮，原来前面出现了一汪碧潭。这个小湖的景色很美，对面是一座小山，山脚的大树上停着几十只白鹭。还有一只白鹭，居然漂浮在水面上，我好奇地举起镜头对准它，只见它立即振翅飞了起来，嘴里叼着一条鱼。仔细一看，附近的树枝上，还停着不少夜鹭，还不时有池鹭飞过。偶尔抬头，看到天空飞过一只大鸟，马上拍下来一看，是苍鹭！虽说苍鹭是很普通的鸟，但在勐海我是第一次见到。

苍鹭

在这一带，接连拍到两种以前未曾在勐海见过的鹭鸟，也是件挺高兴的事。随后，又在湖边见到了翠鸟和白胸翡翠，可惜后者太警觉，没有拍到。

后来，经贺开村，再往回走，就又回到了猛禽聚集的勐混坝子。

乌鸦与猛禽的战斗

到了那里，举起望远镜，第一眼看到的，不是翱翔于天际的猛禽，而是一群大嘴乌鸦，起码有 20 只。它们聚集在电线上，彼此挨得比较近，有的还在交头接耳，好似在讨论什么重大议题。

一只不知趣的鵟飞来，跟往常一样高踞于电线杆的顶端。一开始，我认为它也是棕尾鵟，可后来仔细看它的脚杆子，却发现那里包裹着很多毛，几乎盖住了脚趾。不知大家是否还记得前面《猛禽的盛宴》中提到的关于大鵟和棕尾鵟的辨识问题：这两种鸟非常相似，两者最直观的区别在于，棕尾鵟的脚杆子（跗蹠）上没有毛，而大鵟有。如果按照这个标准，那么这只鵟应该不是棕尾鵟，而是大鵟——反正，暂且就这么认为吧！

好，继续讲接下来的故事。

大鵟

这张照片拍糊了，但依旧可以看到大鵟“委屈、不解”的表情

这只占领了制高点的大鵟显然忽略了一点，即自己身边有一伙“黑帮大佬”在聚会。突然，一只大嘴乌鸦在毫无征兆的情况下发起了攻击，它迅猛地扑向大鵟，后者被打了个措手不及，仓皇离开“宝座”，往下方逃离。乌鸦显然不肯善罢甘休，在后面穷追不舍。

我按住了高速快门，相机的智能对焦点紧紧咬住了这两只鸟。

此时，有趣的画面出现了，浅棕色的大个子在前面逃，明显瘦小的“黑衣人”仗剑（剑当然是我的想象，但乌鸦高速飞行时那凸出于前方的喙，也真的有点像剑）紧随其后，双方都是在枯黄的田野上面以超低空飞行。几米高处的电线上，那群乌鸦显然乐于围观这场追逐战。它们默不作声，但内心想必个个兴高采烈。

那只敢于单挑大型猛禽的乌鸦，似乎受到了鼓励，它勇猛地飞到了大鵟的后上方，以居高临下之势，继续追击。大鵟奋力高飞，回到了电线的上方。乌鸦却已经杀红了眼，依旧不依不饶，处在下方的大鵟则一脸懵，只见它边逃边“偷偷”扭过脸观察乌鸦。这场战斗的结果当然是没有任何悬念的：大鵟落荒而逃，那只勇敢的乌鸦驱敌有功，翩然回归队列。

今天为什么有这么多大嘴乌鸦聚集在这里？我在田野里边行走边思考着这个问题，暂时没有答案。

可能有人会问，这种鸟的名字难道就叫“大嘴乌鸦”吗？这难道不是骂人的词吗？是的，嫌一个人乱说话，说的话又不吉利，有时就骂他是“乌鸦嘴”或“大嘴乌鸦”。乌鸦叫声“喀喀”，粗哑难听，又有食腐的习性，故不讨人喜欢。

不过，大嘴乌鸦、小嘴乌鸦、秃鼻乌鸦等，确实是这些不同种的乌鸦的规范中文名。在西双版纳有分布的，主要是大嘴乌鸦和小嘴乌鸦。前者是四季常在的留鸟，其额头较高耸，喙粗厚；后者属于不常见的冬候鸟，其额部较为平坦，喙较小。这次我刚看到这群乌鸦的时候，起先还以为有几只是小嘴乌鸦，因为它们飞行的时候看上去额部很平。后来，

大嘴乌鸦争斗

看到它们停在电线上，再观察其额部和喙形，则显然是大嘴乌鸦。

透过望远镜，老远看到一只乌鸦停在电线上吃老鼠。它把老鼠按在爪下，不紧不慢地撕扯着鼠肉，进食姿态跟黑翅鸢一模一样。我举起镜头，拍几张就停一会儿观察它的反应，缓步靠近。到了一个草堆旁，我估摸着已到了它所容许的距离极限，便停住了脚步。它吃着吃着，不知怎么回事，脚下一松，那只老鼠居然掉了下来。或许是因为我在一旁，心存疑惧的乌鸦没有飞下来叼取，而是拍拍翅膀飞走了。

我好奇地走了过去，想看看它吃的老鼠的新鲜度如何，会是快腐烂的吗？很快，我在矮草丛里找到了那只已被开膛破肚的可怜的老鼠。鼠肉鲜红，看上去还是挺新鲜的。那么，问题又来了。乌鸦一般不会有能力捕食活蹦乱跳的老鼠，那么它是怎么得到这些食物的呢？答案无非有两个：一、田野里本来就有刚死亡的老鼠；二、从猛禽嘴里抢来的。我觉得都有可能。

混战、混战、混战

很快到了中午 12 点半了，该去勐混镇上吃午饭了。我都快到贺开线与国道的十字路口了，忽然，仿佛鬼使神差地，心念一转，竟又调转车头往回开了。几分钟后，到了曼蚌村村外。赫然见到，左边的田地上，聚集着十几只乌鸦，它们似乎在争夺着什么。赶紧停车，举起镜头一看，原来是在抢一只死老鼠！有只鸟刚叼住老鼠，旁边的就会挤过来争夺，逼得对方松口放下老鼠。心有不甘的前者非常愤怒，跳将起来，与后者大打出手。被它们忘在一旁的死老鼠，不断引来其他乌鸦的觊觎，于是一场混战开始了，甚至还不断有从远处飞来的其他乌鸦加入战团。

草原雕

一时间，现场仿佛变成了黑社会内部火并的混乱场面。

这还没有完！

不知何时，天空有巨大的阴影缓缓掠过，两只草原雕闻风而来了！它们在低空盘旋，伺机而动。一时间，我的镜头不知该对准哪里好：是拍打群架的乌鸦好呢，还是拍大雕好？

然而，这还没有完！

眨眼间，低空又多了几个不怀好意的黑影！哇，是五六只黑鸢在盘旋！

这下好了，我眼前的田野，从下到上，全乱套了！乌鸦们马上停止了内讧，开始一致对外，共御外侮。这时，我才注意到，这片田野里，老鼠可真不少！不少大鸟都找（捕）到了老鼠，而自己没找到的，就毫不客气地抢别人的。现场极度混乱：有黑鸢从乌鸦那里抢的，有乌鸦抢黑鸢的，也有黑鸢抢别的黑鸢的……唯有草原雕在吃老鼠的时候，没有其他鸟敢招惹它，因为它实在太大太强壮了。

当混乱的局面接近尾声，已经是下午 1 点半。我饥肠辘辘，但也心满意足，于是才驱车去镇上吃午饭。

到了十字路口，我没有直行直接进入镇区，而是左拐进入国道往南走，我想从南边进入镇里，因为那边有一家味道不错的小饭店，我以前在那里吃过。

到了镇南的加油站附近，我看到左边有一块微型的湿地，心中一动，就在附近停了车。哈哈，一眼看见 4 只钳嘴鹳在吃东西。以往几次来勐海进行鸟类调查都看到了钳嘴鹳，这次来了好几天了，见田野里很干，以为见不到它们了，谁知无意中又见到了，虽然数量是历次最少的。除了钳嘴鹳，还有几只白鹭、池鹭、白腰草鹬在活动。草丛深处有响动，我将镜头对准了那里。它出来了，是只黑水鸡！说来好笑，在浙江，黑水鸡是最常见的水鸟，特别是在宁波市区，湿地公园里到处是它们的身影。但是，在勐海，我还是第二次看到。上一回看到是在勐遮坝子，而且只是看见，没有拍到。没想到这回在无意中弥补了这个小小遗憾。

午饭后有点困，在车里睡了半个多小时，然后又沿着上午的路线找鸟。那只绿鹭又隐蔽在了坝下的水草丛中，静静地等待捕鱼的时机。

黑鸢追逐

池鹭

这回我有了准备，所以早早在望远镜里看到了它。

过了那个美丽的小湖后，前面就只有旱地了。一只鵟猛地从左边的山林中飞了出来，掠过我的眼前，我马上抬起镜头，“一梭子”高速连拍，完美地抓拍到了它矫健的英姿。它不像棕尾鵟那么强壮，更像是普通鵟这个级别的小型鵟，但看它的头型，却又不像普通鵟那样圆润，因此这具体是哪一种鵟，我还真不敢确认。

黑水鸡

这里顺便“吐槽”一下。写这篇文章时，我为几种鵟的辨识伤透了脑筋，真的，鵟属猛禽的辨识，难度实在不小！后来，看到了鸟友刑小天写的一篇微信公众号文章《浅谈国内鵟属鸟类的辨识》，受益匪浅。不过，有趣的是，此文最后一句话也说：“提醒大家，量力而行，不要试图识别每一只鵟！该放下就放下！”

傍晚，我又回到国道加油站旁的那块小小湿地。

一只翠鸟在空中悬停振翅，然后一头扎入水中，叼着一条银色的小鱼飞到了竹竿顶部，开始享受晚餐。

重返版纳之巅

上次从曼吕村到坝檬村，原本就是要再爬一次滑竹梁子的，但因天气不佳而作罢。2021 年 1 月 13 日在勐混坝子拍得很满意，看天气预报说，次日起天气转好，于是心又痒痒的，决定再去登顶滑竹梁子。

其实，我知道滑竹梁子的鸟很不好拍，山高林密，光线很弱，就算见到了鸟也很难拍到；另外，冬季的海拔 2000 米以上的高山上，鸟并不多——因为太冷，鸟儿也会往海拔低的地方迁徙。但很奇怪，真的，我自己也难以理解自己：为什么内心里有如此强烈的声音在召唤我上山？

不过，老天真的是厚爱我的，这回重返版纳之巅，收获之大完全出乎预料。从滑竹梁子下来后，我又于第二天重走纳板河自然保护区。就这样，两天之内，我从勐海的海拔最高段，一直走到了海拔最低段，完成了鸟类调查。

冬季的寂静森林

1月14日上午，我从勐海县城驶往勐宋乡，一开始天色还有点阴，不久就云开日出。快到勐宋乡的时候，路边的田野有两只喜鹊和一只褐翅鸦鹃，在翻起来的土块中走来走去找吃的。一路上山，快到保塘村的时候，一度又是阴云密布，大雾弥漫，让人担忧。好在不久之后到了坝檬村，天空又恢复了湛蓝，仰头看山，山顶也是一片清朗，并无云雾缠绕。正是一个上山的好天气！

此番重来，再也不用担心会迷路，因此心情特别放松。刚进入林间时，看到路边有不少正在开花的草本植物，其花形跟我在华东见过的少花马蓝十分相似，花冠呈喇叭状，白底，多紫纹。后来查了一下，得知其名板蓝（有别称叫马蓝），这是一种爵床科板蓝属植物，不过它并不是我们熟悉的板蓝根，后者通常是采用十字花科的菘蓝的根所制成。

慢慢往上走，沿途见到或听到的有大山雀、黄眉柳莺、褐脸雀鹛、黑卷尾、黄臀鹎等常见鸟类。在一棵挂满红色小果子的落叶树上，灰腹绣眼鸟在啄食果子。红胸啄花鸟也在另外一棵树上享受果实。不远处，有几棵高大的刺桐，艳丽的红花已有少量绽放。一群黑短脚鹎在树冠上

板蓝

刺桐

黑短脚鹎

吵闹不休，没想到在这里看到的黑短脚鹎的头部是白色的，跟华东所见的一样，但一年前在纳板河自然保护区所见的黑短脚鹎，其头部都是黑色的。

快到佛塔的时候，高空突然出现一只鹰。它在晴朗的蓝天下自在地翱翔，一圈又一圈地盘旋着，逐渐消失在高山的那一头。到了佛塔，我坐下来休息，同时吃点干粮当作午饭。坐了没多久，就觉得凉意渐生，赶紧把刚才因冒汗而脱掉的毛衣重新穿上。这个位置的海拔已有 2000 米左右，人只要一停下来，就会觉得凉。

继续前行。从坝檬村到佛塔的路，虽然有部分路段略微陡一点，但总体来说还是很好走的，只要不是大雨后，村民的摩托车也可以开到这里。但是，此后的路，其实称不上路了，充其量就是爬山的人走出来的一条若隐若现的小径；而且，陡坡也明显增多，很多时候得拉着一旁的树木或藤蔓借力，才能上去。但对

滑竹梁子的森林

我来说，攀登滑竹梁子的乐趣才真正开始。因为，接下来，我又将进入人迹罕至、怪藤如蛇、苔藓密布的幽暗的大森林。

一路攀爬，果然如我所预料，并没有见到什么鸟。在又出了一身汗后，终于到了山脊线上，那里有块几百平方米的林间空地，阳光直射，豁然开朗。这里的海拔在 2300 米左右，虽然阳光很好，但风比较大，有点冷。我坐在一棵倒伏的大树的树干上稍事休息，看见附近有不少老鹳草，花开得正好。

然后，再次走入原始森林。虽然是冬季，这里依旧浓荫蔽日，只有在某些空隙处，阳光才能斜斜地射进来，打在大树的枝叶上，点亮了长在石头、树干上的碧绿的苔藓，让丛生的蕨类植物变得鲜亮，让斑斓的落叶闪闪发光。偶尔有小鸟从树上飘落到幽黑的地面上，转眼就不见了踪影。我轻轻地走着，周遭是如此寂静，除了轻轻的风声、细细的鸟鸣，就是脚踩在松软的落叶层上的声音。此时此刻，我已经不在乎是否能找到鸟，哪怕这次爬山什么鸟都没有拍到，我都觉得是值得的。我享受着这种寂静，觉得自己的心很少如此安宁，就像独自回到生我养我的故乡，于傍晚漫步在春草轻摇的无人的河畔。

意外的收获，惊人的巧合

不知不觉间，便走到了接近滑竹梁子最高点的陡坡下。我奋力爬上去，在山顶的大石头上，见到驴友留下的旗帜，以及游客摆放的橘子、饼干和一元纸币——他们似乎要在这版纳之巅做某种祭祀仪式。但我想，既然愿意相信大山有灵，那就应该让大山保持自古以来的清净，又何必放这些世俗的东西呢?

匆匆从顶峰下来，忽然想起5月初第一次登顶时，就是在这里的大树上发现了洁白美丽的贝母兰。回头一看，那两棵大树依旧在，兰花自然是没有开。忽听前方传来阵阵细碎的鸟鸣声，举起长焦镜头一看，眼前有棵正在开花的常绿小乔木，花儿丛生于枝叶的顶端，朵朵小花紧挨在一起，组成一个球状的花序——因此，对于我这样的植物外行来说，觉得与其称其为球状花序，倒还不如称之为“一颗花”似乎更合适一点。这每“一颗花”都好似一枚淡绿的大杨梅，密集伸出的花蕊吸引了很多昆虫，还有小鸟。

不消说，吸食花蜜的主要是花蜜鸟科（也叫太阳鸟科）的小鸟，另外还有柳莺在捕捉花朵旁边的小虫。我有点好奇，在西双版纳的最高峰上，在这么冷的地方，在这些并不艳丽的小花旁，会是什么太阳鸟呢?

令我惊喜的是，经仔细观察，这棵树上居然有不止一种太阳鸟，而且似乎都是我以前没见过的。最先引起我注意的，是一种太阳鸟的尾羽大部分是红色的。这个特征太明显了，可以说是唯一性的。

中国冠以“太阳鸟”之名的鸟总共有7种，除叉尾太阳鸟与绿喉太阳鸟在国内分布相对较广之外，其他5种（即黄腰太阳鸟、蓝喉太阳鸟、黑胸太阳鸟、火尾太阳鸟、紫颊太阳鸟）都分布在热带地区，主要是在西南地区。这 7 种太阳鸟的雄鸟，总有身体的某个部分（主要是背部、胸部、喉部）是红色的，但只有一种鸟，它的尾羽也是红的，那就是火尾太阳鸟。在繁殖期，火尾太阳鸟雄鸟的尾羽全为鲜红，而且特别长；另外，它的后颈、背部等部位也是火红的，胸部则为鲜黄色，同时沾有橘红的斑块。火尾太阳鸟的雌鸟的羽色明显暗淡，身体大部分为灰绿色，尾羽的中央为黑色，而两侧是红色。

一言以蔽之，中国的太阳鸟，若是红色尾巴的，则必定是火尾太阳鸟。而我拍到的，正是火尾太阳鸟的雌鸟，现场应该有好几只。但令我不解的是，看图鉴，雌鸟的胸部应该也是灰绿色

火尾太阳鸟（雌）

蓝喉太阳鸟（雌）

蓝喉太阳鸟（雄）

的，可我拍到的，却无一例外都沾有橙红，只不过色彩浓淡不一而已。

树上还有一种太阳鸟，背和胸都为鲜红色，腹部为黄色，而头顶、颈侧、喉部在阳光下都呈现蓝紫色……这些特征也明白无误地显示，这是蓝喉太阳鸟的雄鸟！现场还活跃着蓝喉太阳鸟的雌鸟，雌鸟的“打扮”就朴素多了，除腹部为淡黄色外，几乎全身都是灰绿色。

火尾太阳鸟与蓝喉太阳鸟，都是生活在较高海拔地区的鸟，怪不得会在滑竹梁子的顶上看到。上回爬滑竹梁子，在这个位置拍到了绝美的贝母兰，而这回又意外拍到了两种太阳鸟，这是巧合，也是天意。

至此，我已经在勐海拍到 4 种太阳鸟：黄腰太阳鸟、蓝喉太阳鸟、黑胸太阳鸟和火尾太阳鸟。加上以前在华东拍到过的叉尾太阳鸟，我就剩下绿喉太阳鸟还没有见过。另外值得一提的是，火尾太阳鸟在《西双版纳鸟类多样性》一书上没有被记载。

不过，在这棵树上，我还拍到了另外一个小不点。这是一种我以前没有见过的柳莺，不过等我回宁波后才翻书确认，它是橙斑翅柳莺。顾名思义，它的翅膀上有橙黄色斑。从照片上看，这个特征蛮明显的。

橙斑翅柳莺

此后便一路下山，在上午拍到灰腹绣眼鸟的树上，又拍到了红胁绣眼鸟，它们也在吃那红色的小果子。

小黑陪我重走纳板河

爬了一天山，确实有点累了。当晚，住在勐阿镇的旅馆里。次日（1月15日）上午，从勐阿镇出发，经贺建村，前往纳板河流域国家级自然保护区过门山管理站。

也是巧了，2019年12月，我第一次来勐海进行鸟类调查，也是先到勐阿镇，在拍完钳嘴鹳之后，冯主席带我经贺建村到纳板河自然保护区。而此次鸟类调查，是书稿交出之前的最后一次调查，居然重复了这条路线。所不同的是，第一次来的时候，我对勐海的地形、路况等几乎一无所知，而一年之后，我已大致走遍了勐海的每一个乡镇，对很多地方的大路小路都了如指掌，根本不需要导航就能到处走了。

路其实挺远，而且以山路为主，我走走停停，找鸟拍鸟，直到中午才到达过门山管理站。小黑和老灰两只狗见我又来了，非常高兴，我还没下车就围了过来。我事先在超市里买了几根火腿肠，一下车就分给它们吃。顺便，我也吃了干粮当午饭。

然后，我便沿着熟悉的道路，从管理站一路下山，往澜沧江方向走，单程约 8 公里。没想到，小黑一直跟着我走。以前，它都是跟我走一两公里后便返回了，但这回它却始终和我在一起。多数时候，它走在前面，到处嗅嗅闻闻，稍有动静，就警觉地观察，或吠叫几声；见我落在后面了，也会停下来等我。小黑就像是我的好朋友，它仿佛知道，我在这次调查结束后说不定很长时间不会再来了，因此执意陪着我。狗狗通人性，多情似故人。

一路上，见到的鸟不多，主要是灰眼短脚鹎、钩嘴林鵙、赤红山椒鸟、方尾鹟、灰鹡鸰等以前都见过的鸟。白鹇、红原鸡都遇见了，看到的都是雌鸟，可惜还是跟以前一样，还没等我举起镜头，它们便蹿进了密林。

灰眼短脚鹎

在澜沧江边休息了好一会儿，在江畔拍到了一只艳丽的橙粉蝶。小黑几次看我，似乎在催我快回去。上山的路还有8公里多，我慢慢走，饿了累了就坐下来，跟小黑分食面包。

傍晚6点出头，回到了过门山管理站。我把车里剩下的所有干粮都与两只狗、一只猫分享了。此番鸟类调查结束了，书稿也快要结尾了，按理这是一个值得放松与高兴的时刻。然而，那时我却忍不住有点伤感。这一年多来，别说在勐海认识了那么多好朋友，拍到了那么多灵动的鸟儿，欣赏了那么多美丽的山水，就连这里的狗狗和猫猫都让我牵挂。

此前，我预订了1月17日的航班回宁波。我把16日这一天留给了与勐海相邻的普洱市思茅区的芒坝寨子。我打算去那里的鸟塘考察一下，跟上回在勐腊县勐仑镇的考察一样，希望会对勐海试点发展观鸟经济有一定参考价值。

15日晚上，我连夜出发前往芒坝。从过门山管理站，经勐往乡乡政府，最后穿过勐往村的曼糯寨，进入澜沧县。事先没想到，我是在深夜穿过了勐海县最北端的土地，暂别了美丽的勐海。

赤红山椒鸟（雌）

“鸟塘”考察记

在进行第六次、第七次勐海鸟类调查时，我共留出了三天时间，到勐海县周边地区的鸟塘进行考察，其中，有两天是在勐腊县勐仑镇的么等新寨，另一天则是在普洱市思茅区的芒坝。拍摄、考察的时间虽短，但收获不错，也产生了一些想法，因此在这里写下来，或许会对勐海今后在保护自然环境、发展观鸟经济方面有一定的参考作用。

鸟塘拍鸟逐渐兴起

鸟塘拍鸟（简称“塘拍”），是近些年在国内兴起的一种拍鸟方式，和纯野外找鸟、拍鸟（简称“野拍”）不同，“塘拍”是鸟友躲在伪装棚里定点拍摄进入鸟塘的鸟，而“塘主”可以向拍摄者收取一定费用。所谓鸟塘，是当地人在野外布置的一个小环境，通过为鸟类提供食物（面包虫、稻谷、玉米粒、水果等）和水源（便于鸟儿过来喝水和洗澡），吸引附近鸟类过来。

目前，我国的云南、广西、福建等很多地方，都已挖掘出了不少知名“鸟点”，并由当地村民设置、管理鸟塘，在这些鸟塘通常可以不太费力地拍到一些漂亮、珍稀的鸟类，由此吸引来自全国各地乃至国外的鸟友前来观鸟、拍鸟。

对于此种拍鸟方式，有些人士持有不同意见，他们认为以投喂的方式招引鸟类，可能会带来一定的负面影响（虽然这个负面影响尚未获得长期观察数据的支持）。不过，地方政府与媒体通常是持支持态度，因为“鸟塘经济”不仅有利于提高当地人的收入，也有利于改变甚至杜绝某些地方的毁林、捕鸟行为，而让村民转为主动护林、护鸟。

不过，西双版纳虽然具有非常好的鸟类多样性，但鸟塘的发展并不快。据我所知，景洪市勐龙镇勐宋村应该是西双版纳最早建立鸟塘的地方。我看到的一篇报道称，在 2017 年 11 月，勐宋观鸟基地已建成可投入使用的鸟塘 12 个。原来，在别的地方难得一见的红梅花雀在当地却很容易见到，这种艳丽的小鸟竟吸引了无数鸟友不远千里专程前来拍摄。于是，当地人“顺水推舟”，索性在西双版纳本地鸟友的帮助下，“开发”了其他“鸟点”。

2020 年，勐腊县勐仑镇的么等新寨的几位村民，在中国科学院西双版纳热带植物园的科研人员的帮助下，也设立了几个鸟塘。不过，到了年底，最后坚持下来的只有两位哈尼族村民，他们的名字分别叫飘海与当月。

在我写作本书时，勐海县境内尚未进行过鸟塘试点。

至于我自己，自从 2005 年开始迷上鸟类摄影，一直到 2020 年 11 月，我都是在“野拍”，从未到任何鸟塘进行拍摄。我觉得，“塘拍”虽然容易拍到很多在纯野外难以遇见的鸟（或者，就是遇到了也难以拍到，更不要说拍好），但毕竟“野拍”更有挑战性，拍到的鸟类照片也显得更为自然，因此也更有乐趣（当然，以上只是我个人喜好，似乎更多的人喜欢“塘拍”）。不过，我还是对“塘拍”比较好奇，想实际体验一下到底是怎么回事；另外，也想借机拍到少数几种曾经遇到过却始终没有拍到、拍好的鸟，如白鹇、红原鸡、银耳相思鸟之类，以弥补遗憾。

实地考察“鸟塘”

2020 年 12 月，我到勐海进行第六次鸟类调查。不过，到勐海之前，我先去了勐仑镇的么等新寨。第一天，先去飘海管理的鸟塘拍摄，从上午约 11 点钻入隐蔽帐篷，到下午 4 点多离开，在 5 个多小时内，我拍

鸟友钻入隐蔽帐篷里拍鸟

到了15种鸟，它们分别是棕胸雅鹛、白尾蓝地鸲、棕头幽鹛、山蓝仙鹟、白腰鹊鸲、黄眉柳莺、灰腹绣眼鸟、灰脸雀鹛、棕腹仙鹟、黄眉柳莺、黑胸鸫、白喉扇尾鹟、方尾鹟、银胸丝冠鸟、比氏鹟莺。另外还拍到了

棕腹仙鹟

银胸丝冠鸟

灰腹绣眼鸟

红颊长吻松鼠

红颊长吻松鼠与树鼩两种小动物。第二天，去当月的鸟塘拍摄，也拍到了黑头穗鹛、绿翅金鸠等10多种鸟。这些鸟，我大多数曾在勐海拍到过，由于树枝遮挡等种种原因，照片质量并不是很理想，但在鸟塘里，则可以轻松拍到距离近、背景好、动作佳的鸟类照片。

2021年1月，到勐海进行第七次鸟类调查，特意留出回宁波前的最后一天，去了与勐海仅隔着一条澜沧江的普洱市思茅区，到芒坝拍鸟。接下来重点讲讲芒坝拍鸟的故事。

芒坝是国内有名的“鹦鹉寨”，在别的地方很难拍到的大紫胸鹦鹉就生活在寨子里的大榕树上。由于几百年来当地人一直注重保护鹦鹉，因此这里的大紫胸鹦鹉并不怕人。我在纳板河自然保护区进行鸟类调查的时候，护林员马大哥曾多次跟我提到保护区里有鹦鹉，可我多次调查都

白鹇（雄与雌）

无缘见到。因此，我一直很好奇，栖息在纳板河自然保护区的鹦鹉，到底是哪一种？是灰头鹦鹉、绯胸鹦鹉，还是大紫胸鹦鹉？

村民老杨在芒坝管护着多个鸟塘，在观鸟、拍鸟这个圈子里颇为有名，央视、云南发布等媒体都曾报道过他的护鸟故事。在新冠疫情来临之前，他在一年之内接待前来拍鸟、观鸟的鸟友可达 1600 人次左右，虽然辛苦，但收入还算可观。但是，2020 年，由于疫情，来芒坝的鸟友数量骤减，但他依旧要忙着每天照料那些个鸟塘（因为一旦较长时间不去照料，鸟就可能不来了），付出的时间、物料等各项成本并不下降，一来二去，他的收入就大受影响。

且说那天中午，我跟着老杨来到寨子外数公里处的山里，穿过密林，钻入了伪装棚。老杨吹着轻缓的呼鸟的口哨，进入鸟塘，投放了一些鸟粮。确实神奇，他还没有转身离开呢，云南雀鹛、黑头奇鹛、棕颈钩嘴鹛等好几只小鸟便急急飞来，开始觅食。随后，白鹇也来了！仿佛这些鸟儿都是老杨的老朋友。

白鹇与红原鸡，是我此次到芒坝的主要拍摄目标。在老杨家里的时候，我曾问：“拍到这两种鸟的概率是多少？”老杨说：“百分之百！”

果如老杨所言，白鹇成群出来了，雄的雌的都有。白鹇属于大型雉科鸟类，雄鸟头顶有黑色羽冠，脸颊通红；背部披着洁白“大衣”，其上“绣”有繁密的黑色“V”形斑纹；尾羽白色，亦多黑纹，长而蓬松。当它在幽暗的林下慢慢踱步时，显得高贵、华丽，气质非凡。相对而言，白鹇的雌鸟则几乎全身深褐，显得低调朴素。

几只白鹇吃了一会儿东西后，不知何时又消失在了密林中。一只绿翅金鸠悄无声息地走了出来，默默地低头吃食。下午2点多，忽然来了一群艳丽、活泼的银耳相思鸟。它们在枝头跳来跳去，东张西望，忽然接连飞到水坑里，开始洗澡。银耳相思鸟是雨林中最靓丽的精灵之一，我以前曾两次拍到过，但由于鸟儿被树枝遮挡或雾气弥漫等原因，都没有拍好。

银耳相思鸟洗澡

红原鸡

下午 4 点多，密林中露出了一个金红的身影。红原鸡的雄鸟终于来了！它小心翼翼地站在灌木丛里观察了一下动静，然后才慢悠悠地走到了比较开阔的地方，啄食地上的稻谷和玉米粒。拍完红原鸡，我回到寨子，很快拍到了大紫胸鹦鹉。

发展观鸟经济，勐海大有可为

上面简单讲了我的鸟塘考察过程，最后还是回到勐海，我觉得在发展观鸟经济这方面，勐海将来是大有可为的。本书前文也说过，西双版纳的三个县市中，鸟友们去的地方以景洪与勐腊居多，较少到勐海来观鸟、拍鸟，这主要是因为勐海境内缺乏吸引鸟友前来的成熟的“鸟点”。这里得说明，勐海的生态环境优良，鸟类的丰富性绝对不差，甚至还具有特别的优势——因为，勐海的海拔相对较高，西双版纳最高峰也在勐海境内，能找到一些主要分布在高海拔地区的特色鸟类。因此，所谓缺乏成熟的“鸟点”，只是因为此前没有对勐海的鸟类进行比较好的调查，勐海本地熟悉鸟类的人也几乎没有，这才造成了认识上的空白。

“鸟点”是要靠人去找到的，靠人去开发的。景洪市勐龙镇勐宋村的鸟塘，是在当地鸟友的帮助下建立的；勐腊县勐仑镇么等新寨的鸟塘，也是在中国科学院西双版纳植物园科研人员及当地鸟友的指导帮助下，才建立起来的。勐海有关方面也可以在前期考察别的地方的鸟塘的基础上，尝试在某些合适的地方建立鸟塘。这样做，一方面可以适当增加当地人的收入，并提高大家护林、护鸟的积极性；另一方面，还可以利用鸟塘招引鸟类的功能，观察、拍摄到一些平时很难见到的鸟类，从而进一步摸清勐海的鸟类分布。

如果进一步思考，除了鸟塘，我觉得勐海还可以做一些更有前瞻性的工作，那就是：在将来开展生态保护时，有意识地规划一个招引鸟类的项目。比如，在不破坏原生态的前提下，在特定区域保留、栽种较多的鸟类爱光顾的乡土植物，在其开花、结果的时候可以吸引鸟儿过来吸花蜜、吃果实；同时，也可以借鉴鸟塘的经验，给鸟儿提供喝水、洗澡的地方。这样一来，鸟多了，来观鸟、拍鸟的人自然也多了。

另外，可以试点建设自然教育（研学）基地。这方面，勐海其实已经有了一些打算。上次在贺开村班盆老寨看完歌舞后，刘应枚女士陪我去看了附近一个地方，她说这里若能做成一个自然教育（研学）基地，应该是很不错的。我觉得这个想法很好。勐海在自然生态、历史文化、民族风情、地方特产（普洱茶等）等方面都有独特的优势，可尝试以自然、博物为切入点，选择合适的地方开展自然教育（研学）基地试点工作。

自然教育（研学）的具体形式可包括：①认识常见植物，重点是野花、野果与大树；②寻找与认识昆虫；③观鸟；④露营，夜观星空，观赏流星雨、月亮等；⑤夜探大自然，即夜观蛙类、昆虫等小动物；⑥设计、开展自然游戏；⑦开展以自然、博物为主要内容的亲子阅读活动（可结合“勐海五书”，将相关出版物作为乡土自然读本）；等等。

最后，我还有一个呼吁，或者说是期待，那就是希望在勐海也能逐渐形成一个本地的博物爱好者、自然摄影师群体，这个十分重要，只有这样的本地人才多了，才能真正组建“自然导赏员”团队，为发现、挖掘、宣传勐海的自然生态之美出大力。

我记录到的勐海鸟类

从 2019 年 12 月到 2021 年 1 月，我分 7 次专程来勐海进行鸟类调查，并写成本书。观鸟路线大致如下。

第一次调查，2019 年 12 月，勐海县城 → 勐阿镇 → 景播大山 → 勐往乡南果河村 → 纳板河流域国家级自然保护区过门山管理站。

第二次调查，2020 年 3 月，西双版纳国家级自然保护区曼稿子保护区 → 勐阿镇 → 勐遮镇 → 勐满镇 → 勐海县城 → 纳板河保护区。

第三次调查，2020 年 4 月底到 5 月初，勐宋乡 → 滑竹梁子 → 勐遮镇 → 勐混镇 → 布朗山乡。

第四次调查，2020 年 6 月底，勐往乡 → 打洛镇 → 格朗和乡。

第五次调查，2020 年 9 月底到 10 月上旬，西定乡 → 勐遮镇 → 布朗山乡 → 勐遮镇 → 勐混镇 → 格朗和乡 → 景洪市区。

第六次调查，2020 年 12 月，勐腊县勐仑镇（鸟塘考察）→ 纳板河保护区 → 勐阿镇贺建村 → 勐遮镇勐邦水库 → 勐混镇坝子 → 景洪市区。

第七次调查，2021 年 1 月，勐混镇贺开村 → 勐宋乡三迈村 → 勐宋乡曼吕村 → 勐混镇坝子 → 滑竹梁子 → 纳板河保护区 → 普洱市思茅区芒坝（鸟塘考察）。

下面列出我记录到的勐海鸟类，共 19 目 64 科 196 种。本书的鸟类分类与中文名以《中国鸟类观察手册》为准。2021 年 1 月出版的《中国鸟类观察手册》，采用的鸟类中文名主要依据《中国鸟类与分布名录》（第三版），在此书基础上新增的物种，则参考了《中国观鸟年报－中国鸟类名录》8.0 版，因此具有权威性与合理性。

一、非雀形目（共18目26科67种）

雁形目鸭科	绿翅鸭、白眉鸭、斑嘴鸭	3
鸡形目雉科	中华鹧鸪、红原鸡、白鹇	3
䴙䴘目䴙䴘科	小䴙䴘	1
鹳形目鹳科	钳嘴鹳	1
鹈形目鹭科	苍鹭、大白鹭、中白鹭、白鹭、牛背鹭、池鹭、绿鹭、夜鹭、栗苇鳽	9
鹰形目鹰科	凤头蜂鹰、黑翅鸢、黑鸢、白尾鹞、白腹鹞、凤头鹰、褐耳鹰、普通鵟、棕尾鵟、大鵟、草原雕、白肩雕	12
鹤形目秧鸡科	白胸苦恶鸟、黑水鸡	2
鸻形目三趾鹑科	棕三趾鹑	1
鸻形目鸻科	灰头麦鸡	1
鸻形目彩鹬科	彩鹬	1
鸻形目鹬科	扇尾沙锥、青脚鹬、白腰草鹬、林鹬	4
鸽形目鸠鸽科	山斑鸠、火斑鸠、珠颈斑鸠、绿翅金鸠	4
鹃形目杜鹃科	大鹰鹃、四声杜鹃、大杜鹃、栗斑杜鹃、褐翅鸦鹃	5
鸮形目草鸮科	仓鸮	1
鸮形目鸱鸮科	领角鸮、斑头鸺鹠、黄嘴角鸮	3
夜鹰目蛙口夜鹰科	黑顶蛙口夜鹰	1
雨燕目雨燕科	棕雨燕、小白腰雨燕	2
佛法僧目佛法僧科	三宝鸟	1
佛法僧目蜂虎科	蓝须蜂虎	1
佛法僧目翠鸟科	普通翠鸟、白胸翡翠	2
犀鸟目犀鸟科	双角犀鸟	1
犀鸟目戴胜科	戴胜	1
啄木鸟目拟啄木鸟科	大拟啄木鸟、蓝喉拟啄木鸟、蓝耳拟啄木鸟、赤胸拟啄木鸟	4
啄木鸟目啄木鸟科	目击，但未确认具体种	1
隼形目隼科	红隼	1
鹦鹉目鹦鹉科	未确认具体种	1

二、雀形目（共38科129种）

阔嘴鸟科	长尾阔嘴鸟、银胸丝冠鸟	2
钩嘴鵙科	钩嘴林鵙、褐背鹟鵙	2
雀鹎科	黑翅雀鹎	1
山椒鸟科	赤红山椒鸟、暗灰鹃鵙	2
伯劳科	红尾伯劳、栗背伯劳、棕背伯劳、灰背伯劳	4
莺雀科	白腹凤鹛、红翅鵙鹛、栗额鵙鹛	3
黄鹂科	黑枕黄鹂、朱鹂	2
卷尾科	黑卷尾、灰卷尾、古铜色卷尾、小盘尾（或大盘尾）	4
扇尾鹟科	白喉扇尾鹟	1
王鹟科	黑枕王鹟、寿带	2
鸦科	松鸦、灰树鹊、红嘴蓝鹊、喜鹊、大嘴乌鸦	5
玉鹟科	黄腹扇尾鹟、方尾鹟	2
山雀科	大山雀、黄颊山雀	2
鹎科	红耳鹎、黑冠黄鹎、黄臀鹎、白喉红臀鹎、黄绿鹎、白喉冠鹎、灰眼短脚鹎、绿翅短脚鹎、黑短脚鹎、灰短脚鹎	10
燕科	褐喉沙燕、家燕、金腰燕、斑腰燕	4
树莺科	黄腹鹟莺	1
长尾山雀科	红头长尾山雀	1
柳莺科	褐柳莺、黄眉柳莺、冕柳莺、云南柳莺、淡眉柳莺、橙斑翅柳莺、黄胸柳莺	7
蝗莺科	沼泽大尾莺	1
扇尾莺科	棕扇尾莺、黑喉山鹪莺、灰胸山鹪莺、纯色山鹪莺、黄腹山鹪莺、暗冕山鹪莺、长尾缝叶莺	7
林鹛科	棕颈钩嘴鹛、纹胸鹛、黑头穗鹛	3
幽鹛科	棕胸雅鹛、棕头幽鹛	2
雀鹛科	褐脸雀鹛、云南雀鹛	2
噪鹛科	银耳相思鸟、蓝翅希鹛、黑头奇鹛	3
绣眼鸟科	红胁绣眼鸟、灰腹绣眼鸟、黄颈凤鹛、栗耳凤鹛	4
鳾科	栗臀鳾、绒额鳾	2
椋鸟科	八哥、家八哥、灰头椋鸟、黑领椋鸟、丝光椋鸟、紫翅椋鸟	6

鸫科	黑胸鸫、乌鸫	2
鹟科	乌鹟、褐胸鹟、红喉姬鹟、铜蓝鹟、棕腹仙鹟、山蓝仙鹟、红喉歌鸲、蓝歌鸲、鹊鸲、白腰鹊鸲、红尾水鸲、白顶溪鸲、白额燕尾、白尾蓝地鸲、黑喉石䳭、白斑黑石䳭、灰林䳭、蓝矶鸫	18
叶鹎科	蓝翅叶鹎、橙腹叶鹎	2
啄花鸟科	纯色啄花鸟、红胸啄花鸟、朱背啄花鸟	3
花蜜鸟科	蓝喉太阳鸟、黑胸太阳鸟、黄腰太阳鸟、火尾太阳鸟、纹背捕蛛鸟	5
雀科	麻雀、山麻雀	2
织雀科	黄胸织雀	1
梅花雀科	红梅花雀、白腰文鸟、斑文鸟	3
鹡鸰科	白鹡鸰、黄头鹡鸰、黄鹡鸰、灰鹡鸰、树鹨	5
燕雀科	白点翅拟蜡嘴雀	1
鹀科	凤头鹀、灰头鹀	2

接下来，我得解释一下“记录到”这三个字的含义。我所说的“记录到”，包括三层意思：（一）我在勐海境内拍到、目睹或凭鸟类的典型叫声确认；（二）在调查期间，我在景洪、勐腊、思茅这三个属于勐海近邻的地方拍到某种鸟，但该鸟被《西双版纳鸟类多样性》等可靠的工具书确认在勐海有分布；（三）在调查期间，我认识的观鸟爱好者确认他（她）在勐海见过某种鸟，也包括当地人士拍到过的鸟。

下列 11 种鸟类属于上述情况（二）：仓鸮、赤胸拟啄木鸟、银胸丝冠鸟、棕颈钩嘴鹛、黑头穗鹛、棕胸雅鹛、棕头幽鹛、黑头奇鹛、黑胸鸫、乌鸫、白尾蓝地鸲。

下列 6 种鸟类属于上述情况（三）：彩鹮、双角犀鸟、黑顶蛙口夜鹰、某鹦鹉、朱背啄花鸟、黄胸织雀。

那么，剩下的 179 种鸟，属于上述情况（一），即由我本人在勐海境内记录到的。在这 179 种鸟中，黄嘴角鸮、领角鸮、四声杜鹃和白胸苦恶鸟这四种鸟我并没有拍到或看到，而是凭听到的鸟叫声确认；白额燕尾、某啄木鸟等极少数鸟种是属于看到而没有拍到。另外，由于辨识上的困难，对于云南柳莺、淡眉柳莺、某鸳属猛禽等极少数鸟种，

白尾蓝地鸲（雄）

叼着老鼠的仓鸮

我没有百分之百的把握。

之所以不厌其烦地作出如上说明，是想让读者（尤其是比较熟悉鸟类的读者）对我所列出的 196 种勐海鸟类的“可靠性”有一个自己的判断。

彩鹬（左雄右雌）- 熊书林 摄

黑胸鸫

棕胸雅鹛

当然，这仅仅是目前我记录到的勐海鸟类，实际的勐海鸟类肯定远远超过 196 种，我想翻一倍也是可能的。这需要今后有更多的人进行长期的调查、拍摄，才能有更齐全、更准确的数据积累。

尽管如此，我还是记录到了 9 种未被《西双版纳鸟类多样性》一书所记载的鸟，它们分别是：白腹鹞、棕尾鵟、大鵟、白肩雕、火尾太阳鸟、黄颈凤鹛、黄胸柳莺、橙斑翅柳莺、黄嘴角鸮（注：淡眉柳莺由于在辨识上存疑，而没有算入内）。

依据 2021 年 2 月发布的《国家重点保护野生动物名录》，在我记录到的勐海鸟类中，有 31 种鸟列入了该名录。其中，国家一级保护野生动物 3 种：白肩雕、草原雕、双角犀鸟；国家二级保护野生动物 28 种：红原鸡、白鹇、凤头蜂鹰、黑翅鸢、黑鸢、白尾鹞、白腹鹞、凤头鹰、褐耳鹰、普通鵟、棕尾鵟、大鵟、仓鸮、领角鸮、斑头鸺鹠、黄嘴角鸮、黑顶蛙口夜鹰、褐翅鸦鹃、蓝须蜂虎、白胸翡翠、红隼、某鹦鹉（注：中国的鹦鹉共 9 种，全部被列为国家二级保护动物）、长尾阔嘴鸟、银胸丝冠鸟、小盘尾（或大盘尾）、银耳相思鸟、红胁绣眼鸟、红喉歌鸲。

参考文献

罗爱东．西双版纳鸟类多样性 [M]．昆明：云南美术出版社，2015.

刘阳，陈水华．中国鸟类观察手册 [M]．长沙：湖南科学技术出版社，2021.

约翰・马敬能，卡伦・菲利普斯，何芬奇．中国鸟类野外手册 [M]．长沙：湖南教育出版社，2000.

马克・布拉齐尔．东亚鸟类野外手册 [M]．朱磊，等，译，北京：北京大学出版社，2020.

王西敏，赵江波，顾伯健．雨林飞羽：中国科学院西双版纳热带植物园鸟类 [M]．北京：中国林业出版社，2017.

尹琏，费嘉伦，林超英．中国香港及华南鸟类野外手册 [M]．长沙：湖南教育出版社，2017.

林文宏．猛禽观察图鉴 [M]．台北：远流出版公司，2009.

郑光美．中国鸟类分类与分布名录 [M].3 版 北京：科学出版社，2017.

刘华杰．勐海植物记 [M]．北京：北京大学出版社，2020.

李元胜．昆虫之美：勐海寻虫记 [M]．重庆：重庆大学出版社，2019.

雷平阳．茶神在山上：勐海普洱茶记 [M]．昆明：云南人民出版社，2020.

马原．姑娘寨 [M]．广州：花城出版社，2018.

西双版纳国家级自然保护区管理局，云南省林业调查规划院． 西双版纳国家级自然保护区 [M]．昆明：云南教育出版社，2006.

周海丽．勐海县 [M]．昆明：云南大学出版社，2016.